电网工程项目智能设计与造价系列

变电分册

袁敬中　主编

中国水利水电出版社
www.waterpub.com.cn

·北京·

内 容 提 要

《电网工程项目智能设计与造价系列》包括输电线路分册和变电分册。本书为变电分册，内容包含变电智能设计和造价两大部分，分八章展开论述，第一章论述了变电设计现状；第二章论述了变电智能设计与造价概念；第三章论述了变电智能设计与造价体系；第四章论述了全息数据平台；第五章、第六章论述了智能电气设计技术、智能土建设计技术；第七章论述了设计造价一体化；第八章介绍了实践案例。

本书可为从事电网工程项目设计、建设、管理、研究以及教育人员提供有价值的参考和有益的帮助。

图书在版编目（CIP）数据

电网工程项目智能设计与造价系列. 变电分册 / 袁
敬中主编. -- 北京：中国水利水电出版社，2022.11
ISBN 978-7-5226-0946-1

Ⅰ. ①电… Ⅱ. ①袁… Ⅲ. ①智能控制—电网—变电
—设计②智能控制—电网—变电—电力工程—工程造价
Ⅳ. ①TM76

中国版本图书馆CIP数据核字(2022)第153287号

书　　名	**电网工程项目智能设计与造价系列　变电分册** DIANWANG GONGCHENG XIANGMU ZHINENG SHEJI YU ZAOJIA XILIE　BIANDIAN FENCE
作　　者	袁敬中　主编
出版发行	中国水利水电出版社 （北京市海淀区玉渊潭南路 1 号 D 座　100038） 网址：www.waterpub.com.cn E-mail：sales@mwr.gov.cn 电话：(010) 68545888（营销中心）
经　　售	北京科水图书销售有限公司 电话：(010) 68545874、63202643 全国各地新华书店和相关出版物销售网点
排　　版	中国水利水电出版社微机排版中心
印　　刷	天津嘉恒印务有限公司
规　　格	184mm×260mm　16 开本　10 印张　243 千字
版　　次	2022 年 11 月第 1 版　2022 年 11 月第 1 次印刷
定　　价	**88.00 元**

凡购买我社图书，如有缺页、倒页、脱页的，本社营销中心负责调换

《电网工程项目智能设计与造价系列变电分册》编委会

序

　　我国电网设计技术历经几十年的发展和演变，从传统的手工绘制、计算机二维辅助设计，到目前发展到了数字化三维设计阶段。随着新技术的飞速发展，地理信息系统、海拉瓦全数字化摄影系统、建筑信息模型以及电网信息模型等新技术成功地应用到电网设计中，基于全球卫星定位系统的空间位置信息、高清卫星摄影图片、无人机拍摄图片等信息同样成为了电网设计的重要数据资源，为进一步实现电网数字化、构建电力物联网和新型电力系统奠定良好基础。

　　目前，我国电网建设从超高压时代迈入了特高压、交直流互联、柔性直流输电的新技术时代。远距离送电与城镇发展、乡村振兴，电力电子装备广泛应用，电网建设环境日益复杂，"通用设计、通用设备、通用造价""标准工艺，资源节约型、环境友好型""新技术、新材料、新工艺、工业化""标准化设计、工厂化加工、模块化建设""机械化施工、流水线作业"的实施，均对电网设计提出了更高的要求。

　　面对新发展、新要求，国内各电网公司加速能源互联网、数字电网、电力物联网、新型电力系统建设，大数据、区块链、数据孪生和人工智能等新技术的应用逐步深入。电网设计是一个适用大数据、区块链和人工智能等新技术广泛应用的专业领域，如何结合目前电网数字化三维设计的成功经验，采用大数据、人工智能、区块链、数据孪生、5G、VR、3DS、云雾边（端）缘计算、万物智联、镜像、图像识别、虚拟成像等先进新技术，大幅度提升电网设计工作的效率和设计质量是一个具有重要价值且亟待研究的课题。

　　基于上述背景，国网冀北电力有限公司经济技术研究院综合利用多种先进技术，在凝练电网工程设计的多年经验积淀和探索创新的基础上，开展电网工程项目智能设计方法研究与应用，编写了本系列丛书。丛书提出了基于全息数据新技术、适用于数字电网建设的智能设计理念，力求实现电网设计智能化以及设计与造价一体化发展，在电网设计与造价研究领域具有较高的学术水平和推广价值。

在此，我向广大读者推荐本系列丛书，希望可以为从事电网工程项目设计、建设、管理、研究以及教育人员提供有价值的参考和有益的帮助。

中电联电力发展研究院院长

前　言

自 20 世纪 60 年代交互式绘图系统的提出，到 80 年代初计算机辅助设计 AutoCAD 软件的诞生，图形设计技术发生了革命性的进步，图形设计和审查使设计效率大为提高。进入 21 世纪，计算机自动设计应运而生，与计算机辅助设计 CAD 相比，计算机自动设计使辅助系统闭环，从而自动搜寻最佳设计，比通过手工调节的 CAD 更好、更快。人工智能与大数据技术迅速发展和广泛应用，使得自动设计进入快速发展轨道，许多行业开始自主研发专业的自动设计软件，将计算机辅助设计或仿真得到的性能评估结果（即设计系统的"输出"）加以分析，再用计算机来自动的、最优的调整设计中所涉及的结构和参量，进一步提升设计效率和设计精度。除此之外，信息化技术的迅速发展，使得不同设计与计算软件之间的数据交互成为可能，软件功能的融合与一体化需求日益增强。近几年来，国家电网有限公司等电网企业，积极开展电网三维数字化设计研究，形成一系列标准和成果，在新建特高压等工程设计推广应用。本书介绍的变电智能设计与造价一体化技术就是解决变电工程的自动设计和变电工程的自动计价软件的数据交互与软件功能融合，通过打通三维设计环节与自动计价环节的数据通道，实现变电设计与造价功能的一体化。

本书是《电网工程项目智能设计与造价系列　变电分册》，包含变电智能设计和造价两大部分，分八章展开论述，第一章论述了变电设计现状；第二章论述了变电智能设计与造价概念；第三章论述了变电智能设计与造价体系；第四章论述了全息数据平台；第五章、第六章论述了智能电气设计技术、智能土建设计技术；第七章论述了设计造价一体化；第八章介绍了实践案例。

本书由国网冀北电力有限公司经济技术研究院、北京博超软件时代有限公司、北京京研电力工程设计有限公司合作完成，国网冀北电力有限公司经济技术研究院、北京京研电力工程设计有限公司负责组织实施。第一～四章由国网冀北电力有限公司经济技术研究院、北京京研电力工程设计有限公司牵头编写，第五～八章由北京博超软件时代有限公司牵头编写。

全书由国网冀北电力有限公司经济技术研究院、北京京研电力工程设计有限公司负责统稿。

本书在编写和出版过程中得到了行业专家、学者的关注、支持和帮助，在此深表感谢！同时，对书中所列文献的作者致以谢意！

由于水平和经验有限，书中难免有缺点、错漏之处，望读者批评指正。

编著者

2022 年 10 月

目　录

变电设计现状　第一章

　　随着我国经济的持续高质量发展，全社会对电力的需求大大增长，不断提高的电力需求给电力企业增加了非常繁重的建设和工作压力。更好地建设好电网，满足社会发展和人民生活需要，是电网人应尽的职责。电网工程建设有力确保了国民生产、生活正常有序地进行，其中电网设计是龙头，是一项必不可少的重要环节，贯穿始终。

　　为了缓解我国当前用电紧张的压力，一方面，多年来各电网公司投巨资建设和改善电网结构，兴建大型水电站、特超高压变电站、特超高压交直流输变电等大型项目；另一方面，在全国不断总结、迭代形成建设标准化成果，并强力推广应用各电压等级通用设计等。这些新技术的应用使电网设计更加有效地遵循"节约占地、节约线路走廊、提高输送容量、保护环境，提高安全稳定性"的总体原则，提高社会效益和经济效益。

　　因此，本书将从宏观全局对变电工程项目设计现状进行分析论述，将安全与经济放在设计的首要地位，对其进行合理的规划与设计，挑选出可实施的具有科学性、先进性的方案，建设起能够满足我国发展需求的电网，促进我国社会经济的发展，加快我国全面建设小康社会。同时，提出新的设计思想理念，突破传统平面设计，推动三维数字化设计和工程数据挖掘，实现基建全范围数字化，实施大数据战略，提高工程设计质量。

　　电网工程设计质量和设计效率永远是电力工程设计单位的两大主题。设计质量直接决定了输变电工程的建设、运行水平。我国输变电工程设计行业经历了从图版设计到计算机辅助设计，再到三维设计的发展历程，并且随着设计技术的不断发展，设计水平不断提高。从 220kV、500kV、750kV 超高压输变电工程设计到 1000kV 特高压输变电工程、±800kV 乃至 ±1100kV 特高压直流输电工程设计，电压等级不断提升且输送容量不断增加，使得变电站、换流站接线更加复杂，占地面积越来越大，设备更加精密、庞大，布置更加紧凑，设计裕度越来越小，工程投资要求更加精准。然而，在现有的设计习惯下，是以人的知识经验作为设计可靠性评价依据的，随着工程规模的不断扩大，复杂性的不断提高，甚至新方法的应用和新技术的提出，都给设计工作带来了巨大挑战。对于可靠性有特别要求的工程项目，一般是通过增加评审环节和专家人数来保证设计质量，但这种方式存在两方面的问题：一是不同专家的经验不完全一致，有的时候甚至互相矛盾；二是人的知识经验存在局限，很难拥有对全部专业的所有技术都精通的专家。因此，如何提高电力工程项目的设计质量以及保证设计质量评价的客观性和准确性是电力工程设计单位亟待解决的课题。变电工程项目设计涉及多方面的复杂工作和重复性工作，在现有的设计习惯下，需要投入大量高级技术人员。从电力工程项目设计单位的经营效益来看，采用新的技术手段大幅度提高设计效率是一种必然。另外，目前的变电工程项目规划设计往往是人工主导，变电工程项目规划设计中需要考虑的问题多而复杂，导致规划设计过程耗时长、耗费大。因此，随着变电工程项目的发展，电力系统规划设计的自动化、数字化是大势所趋。

基于以上背景，通过采用新一代人工智能技术、大数据技术以及其他相关技术，建立以知识库为基础的深度学习模型，研发具有自主智能逻辑推理、自主智能设计、自主智能规划能力的智能自动化系统，以达到有效提升设计质量、大幅度提高设计效率和实现规划智能化的目的。

第一节 国外变电设计发展

国外输变电工程设计管理模式与国内不太相同，工程项目绝大多数采用总承包方式，设计部分包含在工程公司内。国外的设计分为基础设计和详细设计阶段。国外在基础设计阶段进行大量的工程分析计算，如负荷分析、暂态分析和稳态分析等。

20世纪90年代中期，国外的大型工程公司开始在电力工程中应用三维设计技术，应用的出发点基于保证设计质量，解决施工过程中碰撞带来的成本损失和提高设计质量带来的效益。

变电站三维设计理念，最早由美国查克伊士曼提出。他认为该计算系统可以对建筑物进行智能模型，并能从中提取包括获得工程图纸、工程量记忆施工进度在内的工程相关信息。查克伊士曼将该系统命名为"建筑描述系统（Building Description System）"，该系统即成为了现代三维设计的原型。其中，以Bentley公司的变电设计尤为突出，提出了智能变电站设计是一种以模型为中心的方法，将三维物理和电气设计学科结合在一起，通过智能变电站设计改善项目交付并更好地管理整个项目生命周期中的设计信息。Bentley公司的变电站设计解决方案缩短了完成设计的时间，并将施工期间导致返工的错误降至最低。变电站的三维可视化提高了设计的整体准确性，并允许及早发现可能的安全风险，例如安全净距校验问题。他们的解决方案提供了一套全面的功能，从创建单线图到详细的3D（Three Dimension，3D）总体布局。利用从简单照片或点云获得的精确3D模型加速SHP（SHP，Shapefile）地带项目。可以依靠智能、信息丰富的变电站模型来提高设计交付的质量，以支持施工和移交运营。

目前国际通用的三维设计平台有AVEVA公司的PDMS设计系统，Intergraph公司的SmartPlant3D设计系统，Bentley公司的Substation设计系统。三者都是通过三维工厂设计系统发展起来，构成均由二维设计、三维设计、材料管理、数据仓库四大部分组成。

第二节　国内变电设计发展

我国电力行业的数字化设计技术经历了图版制图、计算机制图和计算机辅助设计这三个阶段。伴随信息技术的发展，计算机辅助设计不断深化，工程设计出现了从二维平面设计向三维实体模型设计转化的势头，多平台协同设计已经成为未来电力设计的发展方向。

在三维设计方面，国内设计行业基本与国外同步，起步于20世纪90年代，率先在火力发电厂设计领域开展三维设计技术应用。在电厂设计方面采用三维模型技术的出发点是解决主厂房内的立体空间分配，减少设计中的碰撞错误的发生。

信息技术的高速发展，也同样推动了电网建设、企业数字化信息管理的需求。在变电工程的不同阶段，设计信息需求量大、差异明显，大量的信息需要进行统一的管理与利用，需要确保信息的确定性和唯一性。各阶段信息的获取没有实现信息流动和信息共享。

随着我国市场经济体制的不断完善，对电力企业的市场竞争能力和电力工业的健康可持续发展，提出了越来越高的要求。设计革命、模块化研究和示范工程就是在这一环境下出现提出的，这是社会发展、技术进步、设备制造工艺水平、设备可靠性提高、环境保护意识和节约土地资源的必然要求。开展变电工程模块化设计研究，目的就是按照示范工程的设计思路，采用新的设计思想、设计方法和手段，采用新设备、新技术、新材料、新工艺，提高电网的运行安全可靠性、经济性和灵活性，提高变电站的自动化水平，减人增效，实施无人值班，并按照工艺流程，优化变电站的总平面布置，提高变电站的土地利用率，减少变电站建筑面积，降低土建工程费用，控制工程造价。

三维数字化设计是近年来工程设计领域发展较快的一项设计技术，该技术领域在传统的设计领域融合了计算机图形处理、仿真、多媒体信息处理、传感、网络等技术，体现着多种前沿科学交叉的技术特点。其应用领域较为广泛，如工程项目设计、施工指导、内容呈现、培训支持、应急情景再现、媒介宣传等。

在交通、电力、市政等基础设施行业中，已经普遍尝试采用三维数字化技术，如公路、铁路系统通过应用地理信息系统（Geographic Information System，GIS）和空间实景模拟进行选线，水电、火电、核电行业应用设备布置、管线综合布置等。自20世纪80年代末开始指导全国的电力设计院在APOLLO工作站上进行CALMA三维系统的研究。2000年前，电力规划设计总院组织9家电力设计院尝试采用美国Intergraph公司的PDS（Plant Design System）进行电厂的三维布置设计。

2000年后，其他一些省级电力设计院，陆续开始引进了英国AVEVA公司的PDMS（Plant Design Management System）三维工厂设计系统进行设计测试。同时，一些省级电力设计院，引进了美国BENTLEY公司的PlantSpace三维工厂设计系统开展三维设计。这些都是早期变电设计的探索。

三维设计已逐步进入变电站设计领域，并已经引起电网公司及各大设计院的重视。从早期国内各大设计院如中国电建集团中南勘测设计研究院有限公司、华东勘测设计研究院有限公司、西北勘测设计研究院有限公司、中国电力工程顾问集团华北电力设计院有限公司、国核电力规划设计研究院有限公司等引进了三维设计软件进行尝试，到目前我国电力

3

行业主要设计单位已广泛引进了三维设计，开始了变电站设计手段的革新。

从 2010 年起，电网行业就开始积极地推动和引用三维数字化技术。国家电网有限公司在宁东至山东±660kV 直流输电工程中首次提出"三维数字化移交"，而后开展了一系列相关工作。

自 2014 年开始，国家电网有限公司陆续在特高压工程中开展三维数字化要求的工作，部分特高压线路工程也应用三维设计，但只是主要是将设计阶段由海拉瓦系统获取的地理基础信息数据及二维设计成果转成的三维模型数据集成并进行三维数字化成果移交，并没有在设计过程中真正应用到三维数字化技术。

2017 年初，国家电网有限公司牵头对各省电力公司及设计院进行调研，在调研报告中提出输变电工程三维设计的指导原则，大力推进科技支撑，开展 6 项专题研究，包括模型标准化、三维设计取费标准、三维设计成果的评审技术及工程数据应用关键技术等。国家电网有限公司针对 35kV、110kV 等智能变电站提出了模块化建设的通用技术导则。其他电网企业也提出了类似技术方案。

国内很多电力相关研究院提出了变电站模块化的想法。2016 年国网安徽电力公司经济技术研究院对变电站模块化的发展进行了展望；2017 年国网湖北电力公司经济技术研究院针对变电站二次设计的关键技术进行了研究等；同期，重庆电力公司和许继电气有限公司对于变电站集成一体化方案的应用进行了研究，包括建构筑物工厂化预制、二次设备模块化组合，并通过 110kV 恒苍智能变电站建设实践，证明了所述关键技术的有效性和先进性，对于创新智能变电站建设模式具有重大意义。

近年来，国家电网有限公司组织编制了多本三维数字化设计相关规范，同时选择新疆博州 750kV 变电站、苏通 GIL 综合管廊、张北可再生能源柔性直流电网等多项工程进行三维设计试点，目前，所有新建、改建、扩建 35kV 及以上输变电工程具备数字移交条件，总体上实现三维设计、三维评审、三维移交。

第三节　变电工程数字化设计现状

三维设计是一种全新的设计手段，是以现有设计技术为基础，应用数字化技术对现有设计方式进行升级，主要包括 3 个方面的内容：①利用信息挖掘技术实现多源地学信息的综合分析与融合，推进勘测信息在设计过程及项目全寿命期内的综合利用；②利用三维数字化技术构建更为精确的工程模型，推进三维设计应用，实现可视化设计与应用；③利用数字化技术进行设计信息的传递与重组，推进不同专业、不同系统之间设计信息的便捷传递与信息共享。

20 世纪 90 年代，在我国出现了计算机绘制设计图纸，这是设计行业的第一次技术革命，解决了图纸的快速复制和方便修改的问题，大幅提高了劳动生产率和工程设计质量，但没有实现真正的数字化设计。

进入 21 世纪，三维数字化技术开始应用于工程设计。三维设计通过建立空间模型实现了工程设计项目的虚拟展现，变抽象的二维图纸为三维模型，并可以进行任意方向的剖切，直观地进行碰撞检查，这些特点推动了三维数字化技术的应用。

但由于三维模型数据量巨大，其发展受制于计算机性能和软件功能。在早期的输变电工程设计中，三维数字化技术仅停留在对模型的展示层面，设计单位并没有在工程设计中应用三维数字化技术，所采用的工程模型也不具有参数化、结构化信息，不是真正意义上的数字化设计。近年来，随着计算机软、硬件技术的发展，进行真正意义上的三维设计已经成为可能，三维数字化技术已从三维展示层面向三维设计层面发展，各种三维设计应用软件逐步涌现。

输变电工程三维设计的软件平台应该具备以下功能：

（1）围绕三维设计技术，实现设计功能的专业化应用。

（2）具备多专业协同办公能力，多专业在同一模型中开展工作，所见即所得，并实现设计信息的一次录入多次采用。

（3）满足数据信息的结构化要求，实现设计信息按需提取、打包，设计成品的跨平台展示，设计信息的跨平台顺畅传递，实现真正意义上的信息共享，达到设计成品移交的便利性。

在国家电网有限公司、中国南方电网有限责任公司、内蒙古电力（集团）有限责任公司、电力行业相关协会、设计院以及各相关单位的努力下，国内电网三维数字化设计方面已经进行了较多的开发和研究工作，特别是在电网公司的主导和推动下对数字化设计工作进行试点应用的基础上，已普遍推广开来。

电力行业数字化设计的不断发展，已经形成了基于平台系统化的全专业协同设计、信息集成应用、数字化设计产品移交，并逐步向设计全过程数据云平台管理方向迈进的局面。应用范围也从早期的几家大型设计企业小规模的研究拓展应用，到当前的百余家省、地市级设计院共同加入的规模性应用，极大地提升了设计产品质量，也为施工建设期和运行期的应用奠定了基础。

数字化设计技术的内涵，就是以数据库为基础，实现地理信息系统（Geographic Information System，GIS）、遥感系统（Remote Sensing System，RS）、全球定位系统（Global Positioning System，GPS）等多类数据深度融合。电网三维数字化设计是将电网工程项目的地理地形数据、设施实体、功能特性以及各种信息，以三维模型和数据的形式集成到统一的设计平台，实现工程设计中的可视化展示、协同设计、自动化输出等应用。

三维数字化技术是二维向三维的数字化变革，由以往的数据、图纸分理交付转化为三维图形和数据一体交付。该技术涵盖两方面内容：①将工程相关的影像、资料、图纸等都转化为数据来存储、表达，并利用大数据技术实现数据的积累、发掘、共享、集成、仿真；②可以应用计算机技术，构建"虚拟现实"的三维场景、实现可视化设计，并对接数字化制造和建造等。在提高设计精细化水平、提高项目高效管理、全寿命周期数字应用等方面发挥作用。

在各个电力设计院较早的试用不同的三维数字化平台开展火电厂设计应用。但相对变电站的设计应用，Bentley推出了Substation变电设计解决方案，国内博超软件推出了STD-R三维变电设计软件，这两个面向变电三维设计的软件在国内各设计院都已有不少客户。

1. 设计优势

三维设计以数据库为核心，三维数字化模型为依托，通过数据驱动模型，从二维到三维，完成设计过程。在变电设计领域国内应用较为广泛的是博超公司变电 STD－R 设计平台和 Bentley 公司的基于 Microstation 基础软件的三维设计平台。

（1）STD－R 三维设计平台 STD－R 数字化变电三维设计平台以统一的大型网络数据库为核心，以 Autodesk 公司 Revit 作为图形设计平台，以 NavisWork 作为图形展示平台，将变电各个专业进行整合，统一在该平台下协同设计。

（2）基于 Microstation 的 Bentley 三维设计平台 Bentley 公司针对电力行业的设计工作拥有一套完整的解决方案。具有专业、成熟的智能辅助设计功能，并保证在整个项目设计过程中设计数据的共享及继承。

2. 不足之处

工程项目三维设计与造价融合方面，目前还没有成熟成果，仍需深入开展研究，二维设计与造价编辑方面也存在的一些不足：

（1）以二维方式呈现三维空间场景，缺少直观的感官认知。二维设计的表现形式基本上以二维平面图为主，虽然有剖面图等各种方法来显示纵深等，但工程一般都具有距离远、路段多、规模大、设计复杂等特点，这样导致二维设计图异常繁琐，不仅加大造价人员的工作难度，还增加了理解难度，容易出现设计人员和造价人员之间理解误差，降低造价准确度。

（2）设计工具多样且零散，各工具间又缺少数据交互和过程管理的统一标准和规范。

（3）数据以人为形式传递，设计成果以图纸卷册形式存档，不仅效率低下，协同化困难，错误率高，还使工程全生命周期中的大量数据缺乏后续深入应用的价值。

面对诸多问题以及大规模电网建设的挑战，在电网设计与造价技术方面突破和创新，非常迫切，也非常必要。研究团队结合博超软件三维设计成果，开展智能设计平台，以及设计与造价一体化研究开发。

未来的电网，从技术特征上看，将向新型电力系统演进；从功能形态上看，将向能源互联网演进。建设以坚强智能电网为核心的新型电力系统，进而构建融合多能转换技术、智能控制技术和现代信息技术、广域泛在、开放共享的能源互联网，是电网发展的必然趋势。开展构建智能设计与造价一体化是建设"数字电网"的重要手段，是构建电网全业务数据链的重要环节，是提升输变电工程设计质量的重要举措，是强化"数字电网"的顶层设计。

变电智能设计与造价概念

近年来，社会需求不断增加，新技术飞速发展，特别是以人工智能为引领的新技术，广泛应用到工程建设、社会生活中，引起社会生产、生活质的变革。本章从人工智能和变电智能设计与造价两方面论述。人工智能技术主要是从人工智能概念、国内外人工智能发展历程和应用等方面论述。变电智能设计与造价从概念定义、内容、基础等方面论述。

第一节 人 工 智 能 技 术

一、人工智能概念

人工智能（Artificial Intelligence，AI）是研究、开发用于模拟、延伸和扩展人的智能的理论、方法、技术及应用系统的一门新技术科学，是融合了计算机科学、统学、数学、脑神经学和社会科学等多学科的前沿综合性学科。它的目标是希望计算机拥有像人一样的智力能力，可以替代人类实现识别、认知、学习、分类和决策等多种功能。

人工智能是计算机科学的一个分支，它企图了解智能的实质，并生产出一种新的能以人类智能相似的方式做出反应的智能机器，该领域的研究包括机器人、语言识别、图像识别、自然语言处理和专家系统等。人工智能从诞生以来，理论和技术日益成熟，应用领域也不断扩大，可以设想，未来人工智能带来的科技产品将会是人类智慧的"容器"。人工智能可以对人的意识、思维的信息过程模拟。人工智能不是人的智能，但能像人那样思考，甚至也可能超过人的智能。

人工智能是一门极富挑战性的科学，从事这项工作的人必须懂得计算机、心理学和哲学等方面的知识。人工智能是一门极富挑战性的科学，它由不同的领域组成，如机器学习，计算机视觉等。总之，人工智能研究的一个主要目标是使机器能够胜任一些通常需要人类智能才能完成的复杂工作，但不同的时代、不同的人对这种"复杂工作"的理解不同。

二、人工智能发展历程

（一）国外人工智能技术的发展历程

纵观世界人工智能的发展史，人工智能的发展主要经历了萌芽期（1956 年之前）、第一次高潮期（1956—1966 年）、低谷发展期（1967 年至 20 世纪 80 年代初期）、第二次高潮期（20 世纪 80 年代中期至 90 年代初期）、平稳发展期（20 世纪 90 年代至 2016 年）以及第三次高潮期（2016 年至今）六个阶段。

1. 萌芽期（1956 年之前）

1936 年，英国数学家 A. M. Turing 提出了计算机器（Computing Machine）的理论模型——图灵机模型；1950 年，A. M. Turing 又提出了机器能够思维的论述，A. M. Turing 由此被称为"人工智能之父"。1946 年，美国电气工程师 J. P. Eckert 和物理学家 J. W. Mauchly 等人共同研制出了世界上第一台电子数字计算机 ENIAC，为以后人工智能的发展奠定了物质基础。之后做出突出贡献的科学家包括冯·诺伊曼（Johnv von Neumann）、N. Wiener 以及 C. E. Shannon，他们创制的计算机、控制论和信息论，均为以后人工智能的研究奠定了坚实的理论和物质基础。

2. 第一次高潮期（1956—1966 年）

1956 年夏季，在美国 Dartmouth 会议上，M. Minskey、C. E. Shannon、J. McCarthy 和 N. Lochester 等一批年轻科学家促成了人工智能学科的诞生。会议上人工智能的概念由 McCarthy 正式提出。1956 年 Dartmouth 会议之后，人工智能发展迎来第一个春天。这一时期人工智能的主要研究方向是博弈、定理证明、机器翻译等。这一阶段的代表性成果包括：1956 年，A. Newell、H. Simon 和 C. Shaw 等人在定理证明方面首先取得突破，开辟了以计算机程序来模拟人类思维的道路；1960 年，McCarthy 创立了人工智能程序设计语言 LISP。一系列的突破使人工智能科学家们相信，通过研究人类思维的普遍规律，计算机最终可以模拟人类思维，从而创造一个万能的逻辑推理体系。在如此氛围下，人类开始对人工智能抱以极高期望。

3. 低谷发展期（1967 年至 20 世纪 80 年代初期）

随着人工智能研究的深入，科学家遇到越来越多的困难，由于当年的预想与实际技术条件脱节，对人工智能的研究陷入瓶颈。1965 年创立的消解法（归结法），曾被赋予厚望。但该方法在证明"连续函数之和仍连续"这一微积分的简单事实时，推导了 10 万步仍无结果。可见，该方法存在一定的局限性。A. M. Samuel 的跳棋程序在获得州冠军之后始终未获得全美冠军。机器翻译所采用的依靠一部词典的词到词的简单映射方法并未成功。从神经生理学角度研究人工智能的科学家遇到了诸多困难，运用电子线路模拟神经元及人脑并未成功。由于前一阶段的盲目乐观，相关研究者并未充分预估可能遇到的困难。这一时期，人工智能研究进入低谷发展期。尽管面临巨大压力，各国人工智能研究者依旧扎实工作，继续加强基础理论研究，并在机器人、专家系统、自然语言理解等方面取得新突破，其中包括 R. C. Schank 提出的概念从属理论、M. Minsky 提出的框架理论、R. Kowalski 提出的以逻辑为基础的程序设计语言 Prolog 等。

4. 第二次高潮期（20 世纪 80 年代中期至 90 年代初期）

1977 年，E. A. Feigenbaum 教授在第五届国际人工智能联合会会议上提出了"知识工程"的概念，标志着人工智能研究迎来了新的转折点，即实现了从获取智能的基于能力的策略至基于知识的方法研究的转变。直到 20 世纪 80 年代，借助第五代计算机技术的发展，人工智能重新崛起。J. Hopfield 发明了 Hopfield 循环神经网络，结合存储系统和二元系统，提供了模拟人类记忆的功能。在此推动下，人工智能的第二次产业浪潮出现于 1984 年。在这期间，基于人工智能基础理论以及计算机科学的发展，多种人工智能实用系统实现了商业化，取得了较大的经济和社会效益。例如，DEC 公司将人工智能系统用作 VAX 计算机的建构，每年为该公司节约 2000 万美元；斯坦福大学研制的专家系统 PROSPECTOR，1982 年预测了华盛顿州的一个钼矿位置，其开采价值超过 1 亿美元。当然，这一时期人工智能研究同样遇到了挫折。例如，日本的第五代机计划未能达到预期目标，通用的智能机器及专家系统的计划面临危机。由于当时的人工智能受制于计算能力，根本无法实现大规模的并行计算和并行处理，系统能力也较差。最终，这次浪潮仅仅持续了不到十年。

5. 平稳发展期（20 世纪 90 年代至 2016 年）

随着计算机网络技术特别是国际互联网技术的发展，人工智能研究开始由单个智能主体研究转向基于网络环境下的分布式人工智能研究。G. E. Hinton 教授在 2006 年提出"深度学习"（Deep Learning，DL）概念，人工智能系统性能获得突破性进展，人工智能的应用领域进一步扩大。

6. 第三次高潮期（2016 年至今）

在历经将近 20 年的平稳发展期以后，由于计算机硬件技术和高速网络通信技术的快速发展，以及基于深度学习的人工神经网络技术研究的重大突破，人工智能技术又一次进入飞跃式发展阶段。从 2016 年至今，人工智能已经迎来了第三次发展高潮，人工智能已不再只是概念，正不断进入诸多行业领域，影响着人们的生产、生活。2016 年年初，基于深度学习的 Alpha Go 与韩国围棋国手李世石对弈，Alpha Go 最终获胜，人工智能再次引起公众关注。2016 年也被称为人工智能新纪元元年。《经济学人》杂志在 2016 年发表专题文章，从技术、就业、教育、政策、道德五大维度深刻剖析了人工智能的巨大影响，并指出其很快会有更加广泛的应用。麻省理工学院斯隆管理学院的调查报告也显示，人工智能可能会对工作价值创造和竞争优势产生深远影响，推动 IT、运营和面对消费者的行业产生变革。2017 年 5 月 27 日，人工智能系统 Alpha Go Master 再次以压倒性优势战胜了世界实时排名第一的中国棋手柯洁。可见，现今人工智能技术研究取得了新的突破性进展，再次迈入飞跃式发展阶段。

Gartner 于 2014 年发布的人工智能技术发展过程的技术成熟度曲线，如图 2-1 所示。

（二）国内人工智能技术的发展历程

相较于国际人工智能的发展历程，我国人工智能研究起步较晚。改革开放以前，我国人工智能研究经历了质疑、批评甚至是打压；改革开放后，我国人工智能研究才逐步走上正轨。20 世纪 50 年代，受苏联批判人工智能和控制论的影响，我国几乎没有开展人工智能研究；20 世纪 60 年代后期至 70 年代，由于中苏关系恶化，苏联虽解禁了控制论和人

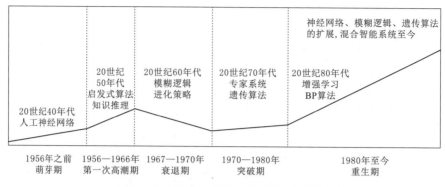

神经网络、模糊逻辑、遗传算法的扩展，混合智能系统至今

20世纪50年代启发式算法知识推理

20世纪60年代模糊逻辑进化策略

20世纪70年代专家系统遗传算法

20世纪80年代增强学习BP算法

20世纪40年代人工神经网络

1956年之前萌芽期　　1956—1966年第一次高潮期　　1967—1970年衰退期　　1970—1980年突破期　　1980年至今重生期

图 2-1　人工智能技术发展过程的技术成熟曲线

工智能的研究，但我国的人工智能研究依旧停滞不前；1978 年 3 月在北京召开的全国科学大会提出"向科学技术现代化进军"的战略决策，广大科技人员解放思想，人工智能研究酝酿着进一步的解禁；20 世纪 80 年代初期，钱学森等学者主张开展人工智能研究，中国人工智能研究进一步活跃，引来大发展的春天。

20 世纪 70 年代末至 80 年代，随着欧美国家人工智能获得较快发展并取得较大的经济和社会效益，我国派遣大批留学生赴欧美发达国家学习，其中包括人工智能与模式识别等领域的留学生；1981 年 9 月，中国人工智能学会在长沙成立，秦元勋当选第一任理事长，部分人工智能相关项目已被纳入国家科研计划。

1984 年，邓小平明确指示计算机普及的重要性，此后，我国人工智能研究的环境有所好转；1986 年，国家高技术研究发展计划（"863"计划）将智能计算机系统、智能机器人和智能信息处理等项目纳入其中；1987 年，清华大学出版社出版了国内首部具有自主知识产权的人工智能专著；1987 年、1988 年和 1990 年，我国出版了首部人工智能、机器人学与智能控制著作；1987 年，《模式识别与人工智能》杂志创刊；1989 年，召开了首届中国人工智能联合会议；1993 年起，国家科技攀登计划将智能控制和智能自动化等项目纳入其中。进入 21 世纪，越来越多的人工智能与智能系统课题获得国家高技术研究发展计划（"863"计划）项目、国家自然科学基金重大项目、国家重点基础研究发展计划（"973"计划）项目、工信部重大项目以及科技部科技攻关项目等国家基金计划支持。2006 年 8 月，中国人工智能学会联合其他学会和有关部门，在北京举办了"庆祝人工智能学科诞生 50 周年"大型庆祝活动；同年，《智能系统学报》创刊；2009 年，由中国人工智能学会牵头，向国家学位委员会和国家教育部提出设置"智能科学与技术"学位授权一级学科的建议。

近年来，人工智能研究已提升为国家战略。2015 年 5 月，为了全面推进实施制造强国战略，国务院发布了《中国制造 2025》，其中人工智能是智能制造业不可或缺的核心技术；2015 年 7 月，"2015 中国人工智能大会"在北京召开，发表了《中国人工智能白皮书》；2016 年 4 月，工业和信息化部、国家发展改革委、财政部三部委联合印发了《机器人产业发展规划（2016—2020 年）》，描绘了"十三五"期间中国机器人产业的发展蓝图，同时中国人工智能学会联合 20 余个国家一级学会，在北京举办了"2016 全球人工智能技术大会暨人工智能 60 周年纪念活动启动仪式"；2016 年 5 月，为了明确未来三年智能产业的发展重点和具体扶持项目，国家发展改革委和科技部等四部门联合印发《"互联网＋"人工智能三年行动实施方案》。

目前，中国约有 10 万科技人员以及大学师生从事人工智能相关领域的学习、研究、开发与应用。中国人工智能及其产业化发展迅速，成果颇丰，其发展和应用前景不可限量。其中，具有一定智能的工业机器人、中小学生学习和陪伴机器人和人脸识别技术等已经推广应用。

三、人工智能技术应用

21 世纪以来，人工智能技术趋于成熟，这成就了人工智能的新一轮发展高潮。以深度学习为代表的新一代机器学习模型的出现，GPU、云计算等高性能并行计算技术的应用，以及大数据的进一步成熟，构建起了支撑新一轮人工智能高速发展的重要基础。有学者认为，人工智能发展将经历以下三个阶段：

（1）第一阶段，基于规则的人工智能发展初期，专家们基于自己掌握的知识设计算法和软件，此阶段的 AI 系统通常是基于明确而又符合逻辑的规则，称为弱人工智能技术。

（2）第二阶段，在 AI 系统中不再直接教授 AI 系统规则和知识，而是通过开发特定类型问题的机器学习模型，基于海量数据形成智能获取能力，其中深度学习是其典型代表。在这种技术路线下，获得高质量的大数据和高性能的计算能力成为算法成功的关键要素，称为强人工智能技术。

（3）第三阶段，可能需要借鉴人脑高级认知机理，突破深度学习方法，形成能力更强大的知识表示、学习、记忆、推理模型，称为超人工智能技术。

尽管基于现有的深度学习结合大数据实现的人工智能，离真正的人工智能还有相当的距离，但业界普遍认为，在最近的 5～10 年内，人工智能仍会基于大数据来运行，并形成巨大的产业红利。因此，随着输变电工程的发展，利用人工智能技术，使电力工程设计实现智能化、自动化是大势之所趋。

近年来，人工智能发展进入新阶段。经过近 70 年的演进，特别是在移动互联网、大数据、超级计算、传感网、脑科学等新理论新技术以及经济社会发展强烈需求的共同驱动下，人工智能加速发展。语音识别、视觉识别、自适应自主学习、直觉感知、综合推理、混合智能和群体智能技术，以及中文信息处理、智能监控、生物特征识别、工业机器人、服务机器人、无人驾驶技术等取得突破，逐步进入实际应用。

人工智能技术已经应用于很多领域，为多个领域的发展注入了新的活力，本节将重点介绍人工智能技术在医疗行业、自动驾驶、安全防护以及其他相关领域的应用现状以及发展趋势。

（一）医疗行业

目前，人工智能技术应用在医疗行业按场景可分为 AI 医学影像、AI 辅助诊疗、AI 药物研发，AI 健康管理、AI 疾病预测、智慧医院等。

1. AI 医学影像

AI 医学影像是指将人工智能技术具体应用到医学影像的诊断上，它被认为是最有可能率先实现商业化的人工智能医疗领域。在 AI 医学影像领域中，根据临床数据采集内容的不同，可细分为人工智能在 CT、X 射线、超声、视网膜眼底图、内窥镜、皮肤影像等方面的应用。

2. AI 辅助诊疗

AI 辅助诊疗主要提供了医学影像、电子病历、导诊机器人、虚拟助理等服务，可以在病人电子病历的基础上，通过人工智能技术对患者信息进行推理，自动生成针对患者的精细化诊治建议，供医生决策参考，还可以利用计算机视觉技术缓解病理专家稀缺、医生素质不高的现状。

3. AI 药物研发

AI 药物研发是将人工智能技术用于药物研发上，通过人工智能技术的应用能大大地缩短药物研发周期。人工智能在新药物研发上的应用主要分为药物研发阶段和临床试验阶段两个阶段。在药物研发阶段通常使用计算机视觉、机器学习技术对药物靶点进行筛选，同时还可以挖掘可能的药物化合物。

4. AI 健康管理

通过智能穿戴设备，体检中心等多个途径收集到个人的健康数据，以大数据为突破口，通过 AI 技术可以实现对用户的健康管理。人工智能在健康管理中的应用主要包括：使用软件和 AI 技术监测慢性病患者日常生活习惯，智能给出用药指南，提醒患者服药；通过对日常健康行为的监测管理实现健康监控并提前进行疾病预测；监控智能检测设备数据，对数据进行评估，及早发现异常并发出预警。

5. AI 疾病预测

AI 疾病预测主要是通过一些健康数据，日常行为、影像，以及基因测序与监测，利用人工智能预测疾病发生的风险。

6. 智慧医院

智慧医院基于医院信息系统、临床数据中心和集成平台，结合人工智能、医疗大数据、云计算、移动互联网、物联网等技术，优化患者就医流程，构建智慧病房，节省医疗资源和患者时间，持续改善患者就医感受。通过"AI＋5G"开办互联网医院、智慧病房，让病人不出家门或在一地完成全部检查、会诊和治疗。

人工智能在我国医疗领域的应用刚刚起步，成长过程中遇到了来自各个层面的问题。当前阻碍医疗人工智能发展的一些因素包括缺少医疗人工智能复合型人才、医学数据标注困难以及数据限制开放、数据标准不统一、商业模式及各方权责不明确、缺少合作的医疗机构、数据方面存在伦理问题等。超过 50％的企业表示其产品已经在全国数十家甚至上百家医疗机构进行临床研究，但由于产品认证的问题，大部分应用都是服务于科研，即使应用于临床也只是给医生诊断提供参考。

（二）自动驾驶

自动驾驶汽车以雷达、计算机视觉、GPS 或北斗等技术感知环境，通过先进的控制系统和决策系统实现在道路上的自动化行驶。自动驾驶技术是汽车产业与人工智能、物联网、高性能计算等新一代信息技术深度融合的产物，是当前全球汽车与交通出行领域智能化和网联化发展的主要方向，已成为各国争抢的战略制高点。根据当前主流的 SAE（国际汽车工程师学会）自动驾驶标准，按其智能化、自动化程度水平划分成无自动化（L0）、辅助驾驶（L1）、部分自动化（L2）、有条件自动化（L3）、高度自动化（L4）和完全自动化（L5）6 个等级。

目前，道路上行驶的典型汽车为 L0 级，即无自动化；一些具有速度控制，行驶过程中特定条件下可以自动驾驶的新型汽车可以被划分为 L1 级和 L2 级；达到商业可用状态的车辆最高级最多达到 L3 级，即有条件自动化，这些汽车可以在特定速度和道路类型下自主行驶，目前该等级的汽车比较知名的汽车品牌有比亚迪、特斯拉；当前，L4 级的汽车还处于研发阶段，该级别的车辆几乎可以处于完全自动化状态，但其无人驾驶系统只能在已知情况下使用，在这些未知情况下，必须由驾驶员来操控车辆；L5 级别的汽车可以实现完全自动化，但就目前的研发来看，该级别的实现还需要经历漫长的发展过程。

自动驾驶技术的实现涉及感知和定位，路径规划、运动控制等环节。每个环节都涉及人工智能技术的应用。在环境感知和定位中，深度学习技术已经到了广泛应用，比如通过目标检测和语意分割等技术实现对行驶环境中各种目标的检测和区分，同时 3 维点云检测等技术也有大量的应用，相关技术的共同使用实现自动驾驶过程中的环境感知。路径规划指自动驾驶汽车在两个点（即起始位置和所需位置）之间找到路线的能力。根据路径规划过程，自动驾驶汽车应考虑周围环境中存在的所有可能障碍物，并计算沿无碰撞路线的轨迹。如何才能较好的规划行驶路线，涉及很多人工智能算法的应用。运动控制是根据规划的行驶轨迹和速度以及当前的位置、姿态和速度，产生对油门、刹车、方向盘和变速杆的控制命令，该部分也已经有很多人工智能技术应用的研究。

在自动驾驶领域，传感器融合是发展趋势。传感器硬件成本是制约自动驾驶规模化商业落地的重要因素，尤其是激光雷达的成本极高，长期看成本下降是趋势所在。大规模真实数据安全性的提升，各种传感器的精准判断以及大规模数据的不断迭代也是未来发展趋势。

目前，我国在高速铁路、城市地铁、港口内部运输等领域，已经实现了无人驾驶行驶运行，经济性和可靠性大大提高。

（三）安全防护

智能安全防护技术是一种利用人工智能对视频、图像进行存储和分析，从中识别安全隐患并对其进行处理的技术。与传统安全防护行业相比，智能安全防护引入人工智能技术，降低对人工的依赖，可以自动化、智动化地实现实时的安全防范和处理。

当前，智能分析、高清视频等技术的发展，使得安全防护领域从传统的被动防御向主动预警和判断发展，由于智能化技术的快速发展和应用，行业也从单一的安全领域向多行业应用发展，通过相关技术为更多的行业和人群提供可视化及智能化方案，进而提升生产效率并提高生活智能化程度。目前，随着监控设备的普及和大量应用，用户将面临海量的视频数据，对于这些数据从人工的角度已无法简单利用人海战术进行检索和分析，需要采用人工智能技术实现智能化的检索和分析能力，实时的分析视频内容，探测异常信息，进行风险预测。从技术层面来讲，目前国内智能安全防护分析技术主要分成下述两大类：

（1）采用实例/语义分割等方法对视频画面中的目标进行提取检测，通过不同的规则来区分不同的事件，从而实现不同的判断并产生相应的报警联动等，例如打架斗殴检测、区域入侵分析、交通安全事件检测、人员聚集分析等。

（2）利用模式识别技术，通过深度学习等相关技术利用大量的数据进行训练，从而实现对视频中的特定物体进行识别，例如人脸检测、车辆检测、人流统计等应用。

智能安全防护目前涵盖多个领域，如道路、街道社区、机动车辆、楼宇建筑监控、移动物体监测等。今后，智能安全防护还要解决海量视频数据分析、数据传输及存储控制问题，将云计算、智能视频分析技术及云存储技术结合起来，构建智慧城市下的安全防护体系。

（四）其他相关领域

人工智能技术在智能制造、智能家居、智能金融、智能交通、智能物流等多个领域都有广泛的应用。

1. 智能制造

智能制造是将新一代信息技术与先进制造技术相结合，贯穿于设计、生产、管理、服务等制造活动的各个环节，具有自感知、自学习、自决策、自执行、自适应等功能的新型生产方式。人工智能技术在智能制造方面的应用主要体现在智能装备、智能工厂和智能服务三个方面。相关技术涉及人机交互、机器人、跨媒体分析推理、自然语言处理以及无人系统等多个方面。

2. 智能家居

智能家居以住宅为平台，通过物联网技术，由硬件、软件系统、云计算平台构成的家居生态圈，实现人远程控制设备、设备间互联互通、设备自我学习等功能，并通过收集、分析用户行为数据为用户提供个性化生活服务，使家居生活安全、节能、便捷等。

3. 智能金融

人工智能的发展给金融业带来了深刻影响。基于大数据，人工智能通过海量数据的挖掘在金融业中可以用于支持授信、服务客户，金融分析中的决策和各类金融交易可以用于风险监督和防控。通过生物识别技术和计算机视觉技术，可以快速地对用户身份进行验证，大幅降低核验成本，有助于提高安全性。通过大数据技术对金融用户的数据进行分析，可以挖掘潜在的金融客户。基于自然语言处理能力和语音识别能力开发出的智能客服系统，可以拓展客服领域的深度和广度，大幅降低服务成本，提升服务体验。

4. 智能交通

智能交通是通信、信息和控制技术在交通系统中集成应用的产物。智能交通借助现代科技手段和设备，实现各核心交通元素信息互通，对交通资源优化配置和高效使用，实现高效、安全、便捷和低碳的交通环境。例如通过 ETC 系统实现对通过 ETC 入口站的车辆身份及信息自动采集、收费和放行，有效简化收费管理、提高通行能力、降低环境污染。通过实时的交通监控系统统计和监测车辆流量、行车速度等信息，自动分析实时路况，同时决策系统按照实时的路况分析调整道路红绿灯时长，并调整可变车道或潮汐车道的通行方向等。

5. 智能物流

物流企业利用条形码、射频识别以及大数据技术进行数据分析，建立相关预测模型，优化改善运输、仓储、配送装卸等物流业基本活动。使用推理规划、智能搜索、智能机器人等技术，实现货物运输过程的自动化运作和高效率优化管理，提高物流效率。

四、人工智能在变电智能设计与造价领域的应用前景

人工智能技术在变电工程设计领域具有广阔的应用前景，能够极大地提高设计质量和设计效率，乃至改变工程设计方式，实现电网工程设计变革。随着科技的发展以及创新能力的需求，变电工程设计趋近人工智能化是大势所趋。

目前，在变电工程设计过程中，还是以人工设计为主，设计经验非常重要。如果应用人工智能的相关技术，建立输变电工程设计人工智能体系，构建以知识库为基础的深度学习模型，基于数据形成具有自主逻辑推理算法能力的智能自主设计系统，避免主观因素影响设计质量，可以提高设计效率，减少人力物力资源的浪费。

未来的设计就是一个平台，基于人工智能和大数据等新技术构建的平台系统，依据用户输入需求，系统一键式完成设计任务，并及时数字化提交技术和造价全部成果。

1. 辅助分析解读原始资料及设计规范

应用图像识别技术识别变电站设计原始资料，再通过语义识别技术理解各项分析结果以得到原始资料中的各项关键信息，如待建变电站建设规模、站址坐标、负荷条件等，作为该待建变电站的原始输入条件；应用图像识别技术识别相关变电站设计规范，包括国家标准和行业规范，再通过语义识别技术理解各项分析结果以得到设计规范中的各项设计的约束限制，用于指导设计过程和校验设计结果。使用人工智能技术辅助理解可行性研究报告，可以得到可行性研究报告中的各项关键信息，这对进一步科学合理的确定详细具体的工程设计方案具有重要的参考价值和指导意义。另外，人工智能技术提供的高效算法减少了人力计算的时间，并降低了由于人力计算而出现的错误率，提高了可行性报告理解效率与准确度。

2. 辅助选择和确定输电线路路径和变电站址

在确定变电站选址时，需要综合考虑靠近负荷中心、节约用地、少占良田、地形、地质、线路走廊、交通运输、气象、防洪、防污与城乡建设发展规划相一致等因素，以合理确定变电站站址和塔架的设置位置。通过图像识别技术提取地理位置特征，如道路走向、地形地貌、周围建筑等，建立统一规范的地理环境模型，可以获得最大涝水深度、与负荷中心的空间距离、大型设备运输下路距离、新建进站道路、站内供水方式等变电站选址评价指标的相关数据；通过图像识别技术提取地质条件特征，如土壤组成、地质构造、山体坡度等，建立统一规范的地质环境模型，可以获得占用土地性质、土地承载力标准等变电站选址评价指标的相关数据。而在输电线路路径选择中，也可以应用相同技术，识别周围环境种类，综合考虑环评、水保、地质、地形、拆迁等选线制约因素，自动规划可行线路路径。使用人工智能辅助选择确定输电线路和变电站站址，目标在于使用其提供的相关数据进行专业合理的评价和考量，以最少的脑力劳动和最高的工作效率达到合理架线、合理选址的效果。

3. 辅助物类甄别与地面高程信息处理

输电线路设计中路径选择应综合考虑地理条件、居民影响、人工与自然环境条件等各方面因素。这使得采用高精度卫星图片进行物类甄别，以识别不同特征地貌与建筑，成为了智能路径选择的重点。利用人工智能技术中的深度学习技术，训练神经网络，结合从卫

星图片上获取的高程数据信息，可以对高精度卫星图片进行智能物类甄别，智能判断周围物体的高度与种类，智能判断输电线路走向与周围环境是否符合设计规范，以便于选出输电走廊的最优设计。而在变电站设计中，也可以应用相同技术，识别周围环境种类，综合考虑输电走廊的配合与环境设计规范，选择合适的变电站地址。

4. 辅助输变电工程造价分析

输变电工程造价分析可用于项目的设计指导和施工指导。工程造价分析数据来源于工程项目，反过来又可以指导项目的设计和施工，对项目的持续改进具有重要作用。已有研究证明，项目的工程造价会因全过程乃至全寿命周期中各个阶段的影响而发生变化，其中最核心的影响阶段为可行性研究阶段，其可对工程造价产生 70%～80% 的影响，造价分析工作的深入开展能够辅助建设项目在可行性研究阶段确定一个较为准确的投资估算，以确保其他阶段的造价在预定范围内得到控制，使得估算、概算和预算的精度得以提高。在输变电工程造价分析中引入智能分析算法，能够提升分析效率和水平。智能算法相比传统算法具有更快的运行效率、更全面的参数设置，因此也往往具有更高的分析精度，建立输变电工程造价智能分析模型，可简化评价过程中的人为操作，提升评价模型的智能性。

第二节　变电智能设计与造价

一、变电智能设计与造价的定义

变电智能设计与造价，是指基于高精度多源地理信息数据，采用人工智能等先进技术，具有设计、比对、评估、迭代的质量控制过程和较高自动化程度，能够满足技术经济一体化，实现智能选址、智能模块化组合，智能校核、构件计算校验、自动造价计算等功能的全方位数字化设计方法。

变电智能设计与造价旨在对工程项目开展精准化、精细化、数字化、立体化、空间化设计，进一步大幅度提升设计质量和效率，减少人为影响因素，实现精准设计、精细算价，具有高度自动化的思考、推理、自检、纠错、评估等功能。

这一概念是基于设计技术新发展和设计结果新要求的理念创新，具有高度的独立设计和整体设计的灵活性，能够满足各种复杂条件下的设计要求，将充分利用传统电网设计的可靠经验和多种先进新技术手段的优势，构建具有良好适应性、灵活性和学习性的电网设计高度自动化、数字化智慧平台，实现设计阶段一体化、技术与经济一体化、设计和评估（评审）一体化。

二、智能设计与造价的内容

智能设计与造价，旨在工程项目各个设计阶段，采用设计、比对、评估、优化多次多步迭代，获得整体最优化设计方案，形成高质量、高水平设计产品。主要内容如下：

（1）标准化数据库。实现对地区通用设计方案、常用模块化设备设施的标准化管理，并结合地区情况设置各专业模块应用的边界条件，为智能设计提供数据基础。

（2）智慧设计系统。结合本工程实际规模、地质水文等自动复用通用设计方案，搭建工程总布置模型，依托于丰富的标准设备设施模型库，实现工程模型快速更改迭代、智能电缆规划、智能组柜，完成工程设计。

（3）智能选址。依托三维数字地球平台，利用大数据技术，根据负荷中心位置，以及选择站址影响因素，建立指标体系，量化分析指标体系，根据比选的站址进行权重分析，提取站址区域内环境信息、整合信息，带入权重数据，进行多站址归一性权重指标比选，选出最优站址。

（4）地基方案。变电站站址选定落地后，依据勘测资料，通过分析判断地质情况，选择合适的地基处理方案，并给出建构物基础形式，以及站址平整方案。

（5）建筑物设计。通过边界条件分析，基于通用设计库及各专业族库，开展智慧设计方案比选、模型搭建，实现全站建筑物、构筑物智选，完成各专业方案设计。

（6）智能校核检查。开展方案设计同时完成各专业计算和校验工作，包括安全净距校验、地基变形计算、结构校验、负荷统计计算、坑槽土石方计算、构支架基础承载校验、防火校验、碰撞校验等；也可以自动完成土建与电气专业三维碰撞校核检查，优化工程设计质。

（7）实现三维设计标准化的模型数据导入，自动提取设计模型附带的各种属性信息并套取定额，映射到造价平台形成工程造价。

（8）工程量统计。实现常规材料表生成，例如断面图材料、照明材料、接地材料、技术经济指标表，并依托于三维设计实现电气、土建的精准统计，并将工程量移交专业。

（9）成果输出和移交。通过剖切三维设计成果直接生成施工图，保证二维和三维的设计一致。实现三维设计成果 GIM 格式输出及移交。

三、开展智能设计与造价的基础

地理信息处理技术和人工智能技术的应用，为实现变电站智能设计与造价提供了理论基础。此外，国内外公司也开发了一些设计软件，为变电智能设计与造价方法的落地与平台化提供了应用基础。

1. 国外研究情况

国外建筑行业应用三维数字化技术也已有多年的历史。20 世纪 90 年代中期，国外大型工程公司开始在电力工程中引用三维数字化设计技术，以保证设计质量，预先进行碰撞检查、精确统计材料，减少成本损失和提高设计质量，带来很好的效益。其中，以 Bentley 公司的变电设计尤为突出，它提出变电站设计是一种以模型为中心的方法，将三维物理和电气设计学科结合在一起，通过变电站设计改善项目交付并更好地管理整个项目生命周期中的设计信息。Bentley 公司的变电站设计解决方案缩短了完成设计的时间，并将施工期间导致返工的错误降至最低。变电站的三维可视化提高了设计的整体准确性，并允许及早发现可能的安全风险，例如安全净距校验问题。他们的解决方案提供了一套全面的功能，从创建单线图到详细的三维总体布局。利用从简单照片或点云获得的精确三维模型加速 SHP 地带项目。可以依靠智能、信息丰富的变电站模型来提高设计交付的质量，以支持施工和移交运营。

历经多年的尝试与发展，BIM（建筑信息模型，Building Information Modeling，

BIM）技术的价值得到各建设工程业者的认可。技术探索的早期从可视化入手，工程师利用建模、虚拟施工、渲染展示等手段，向人们展示新技术带来的神奇体验。BIM 不是简单的可视化技术，而是一种基于工程可视化的数字信息集约应用，可在设计、建造、造价等诸多领域发挥作用。这种数据信息集成管理环境，可以使工程在其整个进程中显著提高效率、大量减少风险。随着探索的深入，人们不再满足于可视化带来的价值，而是进一步地希望这种所见即所得的感受能时时刻刻发生在每一个管理阶段，从而将目光投向了依附于 BIM 模型上的数据。

首当其冲的就是设计专业。工程师利用 BIM 技术带来的数据实时同步方案进行三维设计，只需要完成三维下的工程设计，对应的其他专业自动引用变更、平立剖由系统自动生成。这极大地减少了设计人员的工作强度，不用再为了避免图纸矛盾而一遍又一遍的审核校验，同时也减少了个专业之间很多冗余的日常沟通。

此外，利用 BIM 的三维技术在前期可以进行碰撞检查，优化工程设计，减少在工程施工阶段可能存在的错误损失和返工的可能性，而且优化净空，优化管线排布方案。最后施工人员可以利用碰撞优化后的三维管线方案，进行施工交底、施工模拟，提高施工质量。

2. 国内研究情况

变电三维设计平台以及一系列具有自主知识产权的变电设计相关软件产品，充分整合变电设计领域的各项关键环节，实现变电设计信息流的顺利传递，提高设计效率及质量。博超三维设计平台在电气设计等关键技术方面，已经达到或超过国外同类产品，是国内变电设计软件中的主流设计软件。

国内很多电力研究院都提出了变电站模块化的想法。2016 年国网安徽电力经济技术研究院对变电站模块化的发展进行了展望；2017 年国网湖北电力经济技术研究院针对变电站二次设计的关键技术进行了研究；同时，国网重庆电力公司和许继电气有限公司对于变电站继承一体化方案的应用进行了研究，包括建构筑物工厂化预制、二次设备模块化组合，并通过 110kV 恒苍智能变电站建设实践，证明了所述关键技术的有效性和先进性，对于创新智能变电站建设模式具有重大意义。

目前国内市场上的算量软件，均为第一代算量软件，需要造价人员先重新翻模并定义相关的设计信息以及造价信息。这种模式在计算机辅助造价的历史上提供了可借鉴方案，起到了积极作用。但由于需要重复建模，难免在数据传递过程中出现丢失、错误、不可追溯等问题。随着三维设计的不断落实，这种模式必然需要改变。如何复用三维设计成果进行自动工程量计算这个课题必然需要攻克。

近年来，随着信息技术的高速发展，三维设计凭借其可视化、标准化、信息化等优势，逐渐成为设计领域的发展趋势。目前，输变电设计工作已逐渐普及了数字化设计技术。

计算工程量的整个过程无疑是最耗时的，也是最费力的工作。传统的清单模式中，计算工程量占据了造价人员大量时间，在完成机械的算量工作后。造价人员还需要对工程清单进行详细的描述，所以工程量的计算成了传统工程造价的关键工作。

传统造价已初步应用了数字化技术，开发了一系列制图软件或者平台，造价软件的建设主要有以下两大部分：

（1）数据库系统的设计与开发。该部分主要包括数据库体系的设计与实现、数据采集、数据分析与数据管理功能，是软件的重要组成部分和基础支撑系统，具备多种数据接口。通过这些数据接口可以与数据中心以及项目管理、综合计划管理等业务应用系统、外部市场行情信息系统、通用行业软件、专业计算软件进行数据交换，为系统提供各项原始数据，并保存中间结果。

（2）应用软件系统的设计与开发。该部分是在第一部分数据库系统建设的基础上，以变电造价业务逻辑和知识为依据而建设的软件分析与模拟系统。软件内嵌相关的规则库和数据库，包括组件库、定额库、清单库、人材机库、主材库、设备库和价格库等，并有相关维护程序，可以由造价人员自由修改添加。在传统造价方法中，数字化与信息化水平应用已初步显露出其内涵的优势。

变电智能设计与造价体系

实现变电智能设计与造价功能，需要建立严密完整体系。本章从体系构建、智能设计关键技术、智能造价关键技术三方面详细论述。

第一节 变电智能设计与造价体系构建

一、变电智能设计与造价体系研发背景

随着三维设计在变电工程中的持续应用与发展，一路走来总结了很多宝贵经验，同时也发现一些仍需优化改进的问题。过程中出现以下问题：①二维设计、三维翻模，再转化为二维出图的尝试，这不仅给三维设计功效大打折扣，也给设计人员增加了繁重的工程量；②电网三维设计的数字化成果难以标准化、数据互通存在障碍，缺少有效的技术手段与系统载体推动设计成果价值竖向拓展和增值应用；③设计专业与技经（造价）专业无法实现三维对接，技经专业无法直接利用三维成果成功工程量等。

通过对三维精细化设计详细研究论证，进一步深度梳理智能设计平台的设计与建模规范。变电站智能化设计平台依托变电业务知识库、通用设计方案库、标准模块库、设计规程规范等数据资源，利用人工智能、三维图形、自动化设计等技术，实现工程智能复用，标准化模块快速更改，完成各专业智能化设计。

根据三维设计模型的特点，实现了工程造价与三维设计的同步完成，三维设计完成后，技经造价软件根据三维模型信息自动生成工程造价文件，设计变更或三维设计模型修改后，技经人员无需调整，工程造价软件自动根据修改后的模型信息生成新的造价数据。形成工程造价分析、全过程投资管理、数据统计分析模块，构建造价集成管理平台。

二、变电智能设计与造价平台构建

变电站智能化设计平台由标准化数据库、智能设计系统、智能造价系统三个模块组成。

标准化数据库，实现对地区通用设计方案、常用模块化设备设施、定额库及物资价格库的标准化管理，并结合地区情况设置各专业模块应用的边界条件，为智能设计提供数据基础。

智能设计系统，结合本工程实际规模、地质水文等自动复用通用设计方案，搭建工程总布置模型，依托于丰富的标准设备设施模型库，实现工程模型快速更改，并利用智能化校核功能对工程进行安全净距校验、防火校验、碰撞校核等相关工作，优化工程设计质量，通过剖切三维设计成果直接生成施工图并实现三维设计成果 GIM（Grid Information Modeling，GIM）格式移交。

智能造价系统，导入三维设计成果，完成设计数据到技经数据的转换，实现工作量自动计算与统计。在此基础上，将算量成果与定额库、物资价格库进行关联，自动生成工程造价及相关报表。

变电智能设计与造价平台总体流程图如图 3-1 所示。

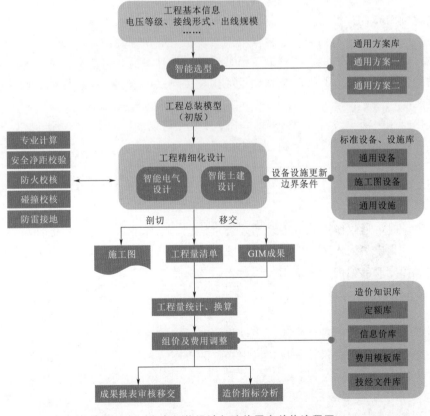

图 3-1　变电智能设计与造价平台总体流程图

第二节 智能设计关键技术

变电站智能化设计平台由标准化数据库、智能设计、智能校核、自动出图、工程量统计、成果移交等模块组成。在智能设计平台基础上，进一步深化三维设计，开发更符合设计人员设计思路、更智能的功能。本节分别从变电智能设计与智能土建设计两方面开展论述介绍关键技术。

一、变电智能设计关键技术

在变电三维设计的基础上，深化三维设计，开发智能设计，重点介绍以下几个关键技术。

1. 配电装置模块化智能设计

变电站设计方案智能选择和复用。构建工程项目通用设计方案和典型模块方案，实现通过设计需求和边界条件，智能选择和复用方案，实现工程项目设计功能。

设计方案实现二维和三维联动更新。配电装置调整顺序后，主接线回路联动更新。即在配电装置布置设计中，对轴网及轴网设备进行间隔顺序调整，并更新工程系统树后，更新系统设计中的主接线系统树，主接线对应回路顺序联动更新。

参数化轴网布置，设备布置后相同轴网设备复制。根据人工智能技术导入电装置设计规则，快速绘制带属性的轴网，并根据轴网实现设备的快速复制。

设备移动导线同步连接。调整设备模型位置、高程等后，可依据模型调整后的位置调整导线的位置，保持导线与设备或构架梁或构架接线点的连接，实现导线随设备移动而同步联动更改。

参数化绘制封闭母线桥、管母线。通过参数化绘制封闭母线桥、管母线，实现快速调整母线外形，支持母线转弯绘制，并提供母线升降。

2. 智能电缆敷设关键技术研究

利用人工智能技术，研究电缆智能排列算法、电缆路径智能选择算法，实现电缆的智能敷设功能。

电缆敷设时，通过图面获取电缆的起终点信息、电缆通道信息，软件自动完成电缆敷设。在敷设过程中引入人工智能技术，实现电缆最短路径、满足容积率、满足占据率等多种敷设需求，完成电缆的路径规划。结合人工智能技术分析施工工艺需求，实现电缆的精准排列。

3. 接地设计优化研究

实现变电站接地智能设计功能。通过优化电缆接地材料的统计规则，增加电缆沟内接地材料、焊点材料，并提供接地块、集中接地装置布置，统计功能，实现了变电站接地设计的整体优化。

4. 二次屏柜智能组柜关键技术研究

通过研究屏柜的组装规则，并利用人工智能分析技术，实现屏柜模型的自动组装。设计人员通过界面定义屏柜参数及尺寸，并直接从设备库选型柜内子框、子系统型号等信息，界面调整子框的位置，设计相应端口链接信息。设计完成后，软件智能调用各个型号对应的三维精细化模型，根据屏柜的组装原则完成屏柜的自动组装。

二、土建智能设计关键技术

变电站选址是电网规划组成要素之一，深入研究变电站选址相关理论和流程，提出使用影响因素体系与权重系数结合的方式，采用层次分析法（Analytic Hierarchy Process，AHP）对各备选站址进行分析研究，进而有效地对变电站站址做出最优选择。同时通过分析地区历年间的地理处理方案，针对土壤、土层、当地水文等信息，结合变电站初始化设计，对选址范围内的地基进行分析，进而推荐合理的地基处理方案。重点以下几个关键技术。

1. 变电选址指标体系及指标扩展研究

变电站选址指标体系构建采用评价指标体系设计准则——SMART准则，并以此构建变电站项目评价指标体系。

使用频度分析法，对国内外选址相关研究中的指标进行分析，集合变电站选址目前所处的实际情况及相关问题，将变电站的选址影响因素分为：经济因素、地形因素、国土资源与灾害因素、自然资源因素和人文因素五大类，每类包含多项子因素。

通过变电站影响因素中的子因素进行分析、整合，选取合适的自因素或自子因素的集合作为指标，并根据指标对变电站选址的情况设定指标值，最终实现变电站的选址体系构建。

2. 变电选址数学模型设计研究

变电站选址时，根据工程及周边的发展规划进行，做到远、近期结合，以近期为主，正确处理近期建设与远期发展的关系，适当考虑扩展、改建的可能。根据电网系统设计的网络结构、负荷分布、城建规划、土地征用、出线走廊、交通运输、水文地质、环境影响、地震烈度和环境保护等因素的综合考虑，通过全面的技术经济比较和经济效益分析，选择最佳的方案。

对于各个备选站址，在GIS地理信息系统中，提取有效的属性、可量化的指标，将指标进行综合权重归一化处理，建立金字塔形式的指标体系，基于数学模型及优化计算，给各个站址进行综合评价和优化计算，确定优选顺序。

3. 变电选址比选方案及优化设计研究

综合评价指标体系的建立，即单项指标的确定，权重确定方法决定了单项指标相对重要性测算的准确性，将直接影响评价系统的质量，甚至导致评价结果的变化。根据对原始数据的处理方法和计算依据，权重确定方法可分为主观赋值法、客观赋值法和组合赋值法三类，根据具体应用对象的特点及评价指数质量和质量选取适合的方法。

采用组合赋值法，由地理信息系统中取得站址范围内的地理环境条件，根据指标体系的取值方式进行指标的确定，确定完成后环境条件与环境条件之间进行拆分、组合互相影响的方式进行指标层参数及准则层参数的赋值。

4. 变电智能落地自动化设计研究

逐条量化分析变电站选择条目，并将各变电站供电区域现状图矢量化，利用地图分层显示特性与负荷重心矢量图叠加，用作选址工作的基础图形。

将量化分析的变电站选择规则与站址基础图形相结合，系统通过路径寻址算法，结合环境影响因素矩阵，调用 AHP 优先指标模型算法，计算出推荐的变电站布置方式、进出线位置、站内外道路设计方案等，最终生成变电站落地的智能推荐方案。

5. 变电地基处理方案推荐研究

基于地区不同地质情况，对地区的已运行变电站的地基处理方式进行分析、研究、归纳、总结。使用 K-均值聚类算法利用初始数据及聚合点对以后再次进行计算、推荐的地基处理方法进行学习、聚类、输出，形成一个闭环的学习过程，随着数据输入输出的增加，地基处理案例的丰富，最终将形成一个以地区土壤条件为特色的地基处理库及推荐方案。

第三节 智能造价关键技术

智能造价主要包括变电工程造价自动编制、三维造价分析、基于智能设计的造价管理系统三个部分。

一、基于国网 GIM 标准的输变电三维设计与造价智能数据共享技术

1. 研究变电工程造价所需的字段信息技术

调研当前造价端概预算的编制规则，整理出输变电工程在概预算阶段，技经人员依据设计提资的工程量信息和定额套取方法等，将其所用的数据信息进行梳理，得到造价部分所需的数据信息。

2. 研究满足于变电工程设计造价一体化的设计端数据技术

将造价所需数据字段与 GIM 标准的数据字段进行比对，筛选出当前 GIM 标准和造价要求重叠的字段信息，并将 GIM 标准下缺失的造价字段信息进行添加，分析差异，研究整理变电工程技术经济一体化的模型字段属性，驱动设计端构件－造价端构件的定额、设备材料价的快速套取。

3. 研究造价项目划分和设计系统数据的对应关系技术

将《输变电工程三维设计模型交互规范》（Q/GDM 11800—2018）设计系统树划分和《电网工程建设预算编制与计算规定（2018 年版）》项目划分进行分析，研究工程造价数据和设计数据间的对应关系。

二、基于造价端需求的变电设计造价一体化数据移交技术

1. 研究设计数据移交的完整性

考虑当前情况下未绘制模型的数据移交研究当前 GIM 环境下，在工程不同阶段，三维设计模型和属性的完整性研究，梳理出变电站工程的所有构件及其属性，并将在工程中经常不绘制的模型进行整理，研究一套附加材料模板，保证当前的设计移交数据的完整性。

2. 研究变电工程三维设计中技术经济一体化模型数据移交标准

研究概预算阶段工程量的移交配置，梳理在概预算输出过程中，设计工程量与造价工程量间的移交关系，保证设计技术经济一体化工程量移交的准确性。基于设计数据完整性、设计数据和造价数据的关系、设计工程量移交的梳理，研究变电工程三维设计中技术经济一体化模型数据移交标准，整理数据移交的存储格式和结构，规范三维设计软件、设计技术经济一体化软件间的数据接口。

三、基于变电三维设计模型造价的可视化技术

研究如何将三维造价的编制成果与三维设计模型进行绑定，实现点击造价编制中的定额条目、设备材料条目，即可快速定位至三维设计模型，查看其设计属性和造价属性，保持数据的统一性、可溯性、直观性。

四、基于变电工程的造价大数据存储技术

研究如何记录技经人员的编制习惯，通过记录定额套取次数、设备材料价格套取次数等，形成造价大数据。软件可通过造价大数据聚合分析，推荐出技经人员常用的定额和设备材料价格条目，辅助实现造价成果的快速编制。

全息数据平台　第四章

电网设计是高度依赖数据的专业领域，核心就是数据，涉及电网的系统数据和相关的物理空间数据。数据是开展一切设计工作的基础。目前，仅依靠地理信息与电网工程设计结合是远远不够的，急需进行技术升级和迭代，以达到提高生产效率、控制工程成本等更高的要求。智能设计需要大量高质量数据，通过这些数据的深度挖掘应用，完成高质量电网设计。为了更好精准地做好电网智能设计工作，提出构建一个适应于人工智能的电网设计数据平台。

第一节　全息数据概念

全息数据平台是一个全新的数据平台，核心是数据，是支撑智能设计的核心。利用先进的数据融合技术，将地理信息、地上地下实体信息、规程规范、模型虚拟信息等进行整合、拼接、调用，实现人工智能选址选线等工程项目应用。数据包括地理信息、地上物、地下物等实物体，以及设计规程、规范、数据虚物体，每个物体被定义赋予相关特征信息。这个全息数据平台采用人工智能技术、大数据技术、多元地理信息数据融合处理技术、生成式对抗网络（Generative Adversarial Networks，GAN）技术等实现地理信息数据获取、智能选址选线以及工程项目智能设计功能。

基于大数据、图像识别、虚拟成像、数字孪生等技术，统一标准、统一规格、统一属性、统一赋能，融合多源数据，还原现场真实环境，构建适用于智能设计的全息数字孪生平台，形成虚拟全息空间环境，重现空间孪生体或克隆体，能够完成三维虚拟全息环境的构建。

第二节　全息数据平台构建

一、数据环境

在工程项目中，使用三维场景构建技术，在全息平台上合成三维环境影像，构建三维虚拟环境，用于智能变电设计与建设。三维虚拟环境场景构建的重点包括：

（1）通过调查和研究，了解区域内目前国内外电网、地质、航天、交通等行业卫星图片、航空图片等内容，获取相关有效数据信息，为构建三维虚拟场景提供数据准备。

（2）研究国内外各主流 GIS 平台及所支持的地理信息数据格式，通过对不同数据格式的分析及对比建立符合项目要求的数据组织结构和算法。

（3）研究将矢量地形图数据与地理信息数据融合方法，将不同比例尺地形图叠加到三维数字化站址路径选择场景并实现快速切换。

（4）研究将河道、路网、矿区等专题图数据与地理信息数据融合方法。数据融合成果将为站址选择提供优化依据。方便设计人员设计施工过程中运输费用进行综合考虑，得出最优站址结果。

二、全息数据

（一）数据类别

电网设计全息数据平台是电网智能设计的基础，相关数据要种植到平台上，形成立体熟数据（Cooked Data，CD）。需要种植电网工程设计相关的数据主要分地理信息、地上物、地下物以及数据虚物体四类，其中：地理信息，主要包括地形地貌、卫星影像、高程信息、公路、铁路等基本信息；地上物，主要包括电力杆塔、树木、建（构）筑物等；地下物，主要包括地下矿产分布、地层结构分布、地下管道等；数据虚物体，主要包括设计所需的规程、规范、模型及政府文件，在此基础上，判别该区域的属性，划分区域性质，即规划区、文物保护区、自然保护区等，即为属性判别区域。多源数据类别见表 4-1。

表 4-1 多源数据类别表

类　　别	数　　据
地理信息	地形地貌、卫星影像、高程信息、公路、铁路、机场、河流、森林公园、地质公园、湿地公园、风景名胜区、自然保护区、公益林、水源保护区、水土流失重点预防区和重点治理区、水文、气象等基础地理信息
地上物	电力杆塔、树木、建（构）筑物等
地下物	地下矿产分布、地层结构分布、地下管道等
规程、数据虚物体	设计规程、规范、模型及政府文件、工程设计资料、属性判别区域、地势规划区、区县规划区、特殊保护区、文物保护区、地质构造图、冰舞污区分布图等

（二）数据定义

1. 结构化定义

不同来源的数据如何进入到电网设计全息数据平台是一个难题，尤其是各类工测地物数据和扫描地图等图形数据。为了能够让平台更方便的录入各类环境数据，需要将环境数据尽量进行结构化定义。通过数据的结构化使得平台导入的数据能够最大程度上被计算机直接识别和使用。

能够快速进行结构化的数据主要以工测数据为主，这类数据可以直接形成计算机能自动读取的结构化数据成果。结构化定义形式如图 4-1 所示。

桩点标识说明	桩点标识	桩名/点号	桩名/点号说明	投影坐标北向/纬度	投影坐标东向/经度	高程	桩点类型	点类型说明
测桩,测点为空	#/(空)	桩名/点号	桩名必须以字母开始,点号为不重复的整数				桩(0/1/2/3);点(0/1/2/3/4)	测桩:普通桩/转角桩/塔位桩/直线桩/辅助桩　测点:普通点/左风偏点/右风偏点/危险点/塔基地形点
地物类型标识说明	地物类型标识	分类编码	分类编码说明	线图物体实测点数	属性1	属性2	属性3	属性4
两点房	F2	0/1/2/3/4	砖(空)/砖混/钢/大棚/简易	2(空=2)	层数(空=1)	屋顶类型(0平(空)/1尖)	房高	房宽
三点房	F3	0/1/2/3/4	砖(空)/砖混/钢/大棚/简易	3(空=3)	层数(空=1)	屋顶类型(0平(空)/1尖)	房高	权属(空)
房	F4	0/1/2/3/4	砖(空)/砖混/钢/大棚/简易	n(大于3)	层数(空=1)	屋顶类型(0平(空)/1尖)	房高	权属(空)
房	F5	0/1/2/3/4	砖(空)/砖混/钢/大棚/简易	n(大于3)	层数(空=1)	屋顶类型(0平(空)/1尖)	权属(空)	
中心线	L0a	1/2/3/4/5/6/7/8/9/10/11/12/13/14/15/16/17/18/19	电气化铁路/铁路/高速公路/国道(一)/国道(二)/国道(三)/国道(四)/省道(一)/省道(二)/省道(三)/省道(四)/机耕路(空)/田间道/乡村路/小坎路/大坎路/快速路/街道/电车轻轨	n(大于1)	路宽	路高	名称(空)	权属(空)

图4-1　结构化定义形式

2. 属性定义

考虑到数据的有效使用,将数据属性定义分成红区、黄区、绿区、灰区四个区。①红区:工程设计选址选线过程中必须避让的区域;②黄区:工程设计选址选线过程中需要付出直接或间接代价的区域;③绿区:工程设计选址选线过程中可无代价经过的区域;④灰区:工程设计选址选线过程中存在潜在问题的区域,可随实际情况转化成为其他类型区域。具体数据属性表见表4-2。

表4-2　　　　　　　　　　　　　　　　　数据属性表

属性	数　　　　据
红区	地市规划区、区县规划区、森林公园、地质公园、湿地公园风景名胜区、文物保护区、生态保护红线、自然保护区、机场、特殊保护区、军事禁区、世界文化和自然遗产范围、风机、微波塔等影响路径选择的地面设施范围、一级公益林、水土流失重点预防区和重点治理区、地下管道分布区、水源保护区、河流浸没区、规程规范要求躲避区域
黄区	地质条件较差区域、重冰区、重污区、三级舞动区、雷害区、二级公益林、地面需迁改的构建筑物所在区域范围
绿区	线路路径及变电站选址理想区域
灰区	基本农田、地质灾害潜在区域、属性判别区域

3. 数据格式

数据的格式主要包括矢量图形、DOM(Document Object Model)、DEM(Digital Elevation Model)、文本文件、三维模型文件、工测相关数据文件、激光点云文件等。多元数据需要融合。在设计平台的构建中,需要融合包括结构化数据、非结构化数据和图片数据等各种数据源。利用大数据、图像识别、虚拟成像等技术进行处理分析。通过分析国内外主流GIS平台及三维设计技术的应用情况,研究、融合并管理各类新型测绘数据和工测数据,形成统一标准数据格式。

三、数据种植

通过数字孪生和克隆技术将相关数据种植到平台上,经过处理和清洗,形成立体全息可使用的熟数据。数据种植实际上就将不同渠道获取的数据以统一标准、格式进行转换、筛选、精准拼接，分区域地"种植"到全息数据平台的过程，其中已经能够结构化的数据可以通过自动导入的方式将数据加载到统一的信息数据库中。同时，由于这部分数据已经抽象为参数描述的模型，在数据载入的过程中可以通过计算机编码自动形成相应的三维模型。除了结构化数据之外，还有很多非结构化的环境数据需要载入到平台进行统一的管理。这部分数据可以以底图瓦片的形式进行处理并加载到系统中，通过图层等方式进行管理。或通过图像处理等先进技术将数据格式进行转换，重新结构化定义，以便计算机正确地识别。

利用数字孪生技术，通过数据种植、清洗、煎熟，形成获得立体全方位空间熟数据，用于强人工智能算法使用。

构建的全息数字孪生平台是实物空间的孪生体。在全息数字孪生平台上，结合模块化设计，通过数字孪生、克隆技术生成实际物体孪生体；同时也可以开展全过程设计、模拟施工、运维等。每个独立模件是一个感知体，具有电网识别码（Grid Identity Document，GID），全生命周期有效。

现场空间孪生体，经过设计、加载、加工变成设计产品（可研、初设、施工图、竣工图），就是设计孪生体；再经过建造变成实物孪生体（电网），设计孪生体和实物孪生体是一对一模一样的孪生体。

采用这个孪生体可以建设孪生变电站、孪生输电线路，形成数字孪生电网。在数字孪生电网上可以开展实物电网上所有的一切工作，可以提前分析、预判、诊断等，用于指导实物电网运行、控制、维护、仿真等健康管理。

1. 数据处理

为保障电网数据的精确性，原始数据必须经过电网空间数据的精确采编和有效性管理。非结构化数据处理相关的工作时间通常占比较大。数据的质量，直接决定了后期智能设计模型的使用。它涉及很多因素，包括准确性、完整性、一致性、时效性、可信性和解释性等。而在真实数据中，可以拿到的数据包含了大量的缺失值，可能包含大量的无效数据，也可能因为人工录入错误导致有异常点存在，非常不利于算法模型的训练，因此必须进行数据的处理。数据的处理包括数据清理、数据集成、数据规约和数据变换，完成对各种脏数据进行对应方式的处理后，得到标准的、干净的、连续的数据，提供给数据统计、定义、挖掘等使用。

2. 数据结构

全息数据平台结构图层管理主要分为地理信息、专题图层、"四库"图层、工程图层、电网数据五个图层。具体的结构图层如图4-2所示。

四、数据煎熟

进行数据种植后，接下来是把繁杂、质量参差不齐的原始数据通过图像识别神经网络等方法转化为可供直接利用的精准数据，此过程称为数据煎熟。在全息数据平台中，原始数据可理解为数据分区种植完成，但不能供后续设计流程直接使用的待处理或者错误的数据。熟数据是指原始数据经过加工处理后的数据，处理包括装载、分析、重组和提取，经过处理的数据可以方便工程设计的使用。

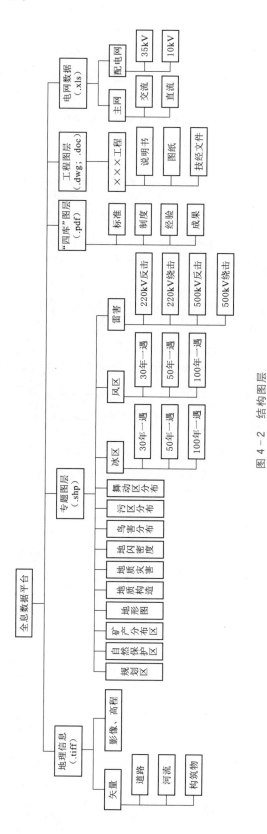

图 4 - 2　结构图层

全息数据平台引入生成式对抗网络对"种植"后的数据进行识别、处理和纠错。生成式对抗网络（Generative Adversarial Networks，GAN），GAN 作为一种新的生成式模型，已成为深度学习与人工智能技术的新热点，在图像与视觉计算、语音语言处理、信息安全等领域中展现出巨大的应用和发展前景。

GAN 的基本结构和计算流程，如图 4-3 所示。GAN 的初始目的是基于大量的无标记数据无监督地学习生成器（Generator，G）具备生成各种形态（图像、语音、语言等）数据的能力。随着研究的深入与发展，以生成图像为例，GAN 能够生成百万级分辨率的高清图像。实际上，GAN 生成数据并不是无标记真实数据的单纯复现，而是具备一定的数据内插和外插作用，可以作为一种数据增广方式，结合其他数据更好地训练各种学习模型。进而，通过在生成器的输入同时包括随机变量 z 和隐码 c 并最大化生成图像与隐码 c 的互信息，InfoGAN（Information GAN）能够揭示复杂数据中隐含的分布规律，实现数据的解释化表达。因而，GAN 不仅可以用于探索复杂数据的潜在规律，还能够生成高质量的生成样本以作为真实数据的有效补充，为学习智能模型提供了新的视角和数据基础。

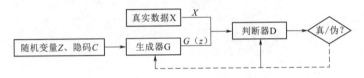

图 4-3　GAN 的基本结构和计算流程

除 GAN 以外，全息数据平台中可以通过点选一个地物并弹出对应的数据录入界面，设计和测量人员能够手工录入其他一些关键信息数据。对于非结构化的数据，如影像、扫描电子地图等数据，平台系统应该提供标绘的工具，通过人机交互的方式将这些非结构化数据中的关键粒子人为的标记出来，同时还可以利用人为输入的数据形成三维模型。

经过上述"煎熟"之后的数据，能够形成满足智能化设计要求的可被计算机系统自动识别的三维模型。图 4-4～图 4-10 展示了导入全息数据平台后的部分矢量数据。

图 4-4　影像数据

图 4-5　已建电网矢量数据

图 4-6　激光点云数据

图 4-7　污区矢量分布图

图 4-8　风区矢量分布图

图 4-9　舞动区矢量分布图

图 4-10（一）　矿区、自然保护区等矢量信息图

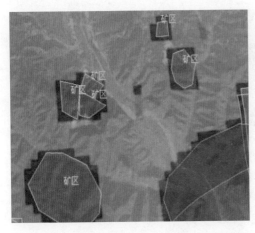
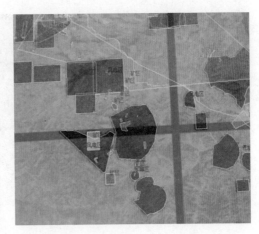

图 4-10（二）　矿区、自然保护区等矢量信息图

五、系统平台数据

电网设计全息数据平台是一个全新的数据平台，核心是数据，是支撑智能设计的基础。全息数据平台采用大数据技术、多源地理信息数据融合处理技术、生成式对抗网络（GAN）技术等实现地理信息数据获取、处理、入库、维护、调度等，为实现人工智能选址等工程应用提供坚实基础。利用 DEM 数据和影像数据构建空间三维仿真场景，实现三维地球平台的设计和研发。

多源数据是重要数据源，需要高度融合，主要分为地理信息、专题图层、"四库"图层、工程图层、电网数据五个图层，如图 4-11～图 4-14 所示。

全息数据平台通过数据定义、数据处理、数据煎熟等步骤将大量的数据进行整合，充分利用各项数据，为变电工程智能选址提供充足的基础数据，由计算机替代人工，可以根据相应的约束条件自动选择优化站址，使设计效率大为提高，并可针对不同地域的地形特点和地形细节，结合丰富的经验自动做出最佳的选择，提高变电站址选择的技术水准、成果质量和方案的可实施性。

图 4-11　地上物

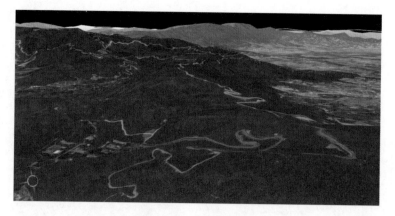

图 4 - 12　三维场景图

图 4 - 13　地区专题图数据图

图 4 - 14　不同区域叠加嵌套图

智能电气设计技术

在电力系统中，变电（变电站）电气设计是重要的组成部分，直接影响整个电力系统的安全与经济运行。变电智能电气设计包含主接线设计、设备选择及布置设计、配电装置设计、导体选择及设计、电缆设计、屏柜设计、接地设计、电气计算等内容。

第一节　设　计　原　则

一、智能电气设计技术路线

变电智能设计由标准化数据库、智能设计、智能校核、出图模块、成果移交等模块组成。智能设计流程如图 5-1 所示。

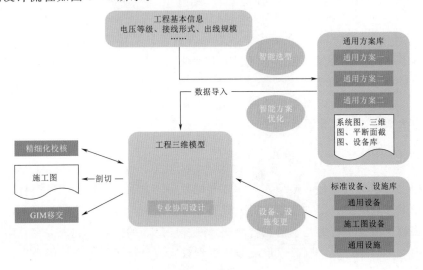

图 5-1　智能设计流程

（1）标准化数据库，实现对地区通用设计方案、常用模块化设备设施的标准化管理，并结合地区情况设置各专业模块应用的边界条件，为智能设计提供数据基础。

（2）智能设计，结合本工程实际规模、地质水文条件自动复用通用设计方案，搭建工程总布置模型，依托于丰富的标准设备设施模型库，实现工程模型快速更改，完成工程设计。

（3）智能校核，对工程进行安全净距校核、防火校核、碰撞校核等相关工作，对有问题的地方定位调整，优化工程设计质量。

（4）出图模块，通过剖切三维设计成果直接生成施工图，保证二维和三维设计一致。

（5）成果移交，实现三维设计成果 GIM 格式移交。

二、技术框架

变电智能设计技术框架有地质信息、水文气象、系统建设规模、设计规程规范四大类组成，具体技术框架如图 5-2 所示。

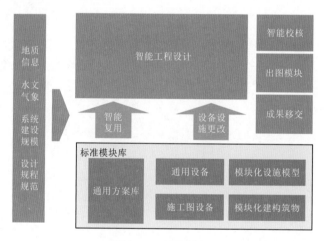

图 5-2 技术框架

变电设计中的电气设计是主要专业，对软件的设计功能要求也比较高，除了具备基本的三维建模功能外，还应该包括电气逻辑设计功能及逻辑设计与布置设计之间的联动功能，通过软件高效的联动功能实现设计一体化，减少工程师检查工作，提高图纸设计质量。通过对主接线的设计以及配电装置的设计一系列操作，尤其是借助三维设计软件进行设计，可以大大提高智能化设计水平。

三、智能设计

将通用设计三维化，存入典型方案库，并记录每个方案每个模块的关键技术参数，形成方案通用拆分规则图，即方案通用拆分规则。方案通用拆分规划图，如图 5-3 所示。

新建工程，根据工程的基本信息智能选择匹配度最高的模块，实现方案复用并根据新工程的规模，对间隔进线增删改，形成新的工程方案。具体间隔进线增改操作方式，如图 5-4 所示。

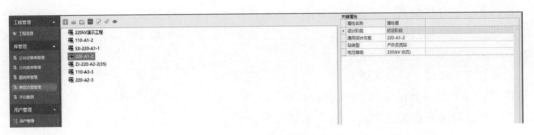

图 5-3 方案通用拆分规则界面

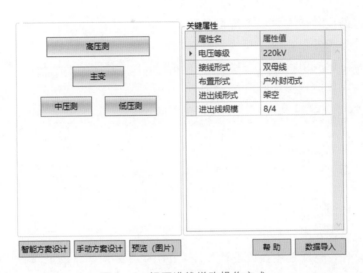

图 5-4 间隔进线增改操作方式

根据实际工程数据修改主接线参数进行主接线选择设计，同时利用配电装置设计编辑功能实现参数化调整更新三维配电装置模型，其中包括设备以及导体等。通过联动更新平断面图纸，保证数据的一致性，最后通过基于三维模型的智能化校核功能，对工程进行安全净距校核、防火校核、碰撞校核等相关校验，保证设计的规范性准确性。

第二节 主接线选择

电气主接线设计必须满足可靠性、灵活性和经济性三项基本要求。

（1）保证必要的供电可靠性和电能质量。安全可靠是电力生产的首要任务，停电不仅使发电厂造成损失，而且对国民经济各部门带来的损失将更严重，往往比少发电能的价值大几十倍，至于导致人身伤亡、设备损坏、产品报废、城市生活混乱等经济损失和政治影响，更是难以估量。因此，主接线的接线形式必须保证供电可靠。电压、频率和供电连续可靠，是表征电能质量的基本指标，主接线应在各种运行方式下都能满足这方面的要求。

（2）具有一定的灵活性和方便性。主接线不仅正常运行时能安全可靠地供电，而且在系统故障或设备检修及故障时，也能适应调度的要求，并能灵活、简便、迅速地倒换运行方式，使停电时间最短，影响范围最小。满足检修时的灵活性要求。在某一设备需要检修时，应能方便地将其退出运行，并使该设备与带电运行部分有可靠的安全隔离，保证检修人员检修时方便和安全。

（3）具有经济性。在主接线设计时，在满足供电可靠的基础上，尽量使设备投资费和运行费为最少，注意节约占地面积和搬迁费用，在可能和允许条件下应采取一次设计，分期投资、投产，尽快发挥经济效益。

电气主接线的设计步骤：在系统设计环境下，按照系统需求和边界条件，完成主接线设计；同时，通过签入操作，将主接线图形以数字化形式存储于工程数据库。主接线设计流程图，如图 5-5 所示。

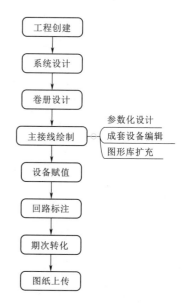

图 5-5　主接线设计流程图

一、工程系统设计

主接线设计首先需要有相应的工程作为依托，所以主接线设计的第一步就是工程系统的设计。主要包括以下内容：

（1）进行工程的创建及修改，同时针对工程添加工程参与人，并进行权限分配。

（2）系统设计，也就是主接线设计，即 CAD 专业设计，完成工程系统设计以及工程卷册图档的建立。通过采用参数化装置信息，根据装置电压等级、主变数量、出线等信息参数化将一个配电装置的信息生成的方法，可以快速的生成的系统信息，并且可以实时修改，节省时间。

（3）卷册设计存储设计成果，归档设计资料。同时将工程所需图纸创建、导入以及编辑。主接线图纸在智能化设计中有重要作用，包括后续主接线三维数据检查，所以需要进行保存发布以便后台记录参考。

二、主接线设计

实现基于 AutoCAD 的二维图形符号和主接线图快速绘制功能，继而进行短路电流计算，生成计算书；利用设备选型校验，对数据中满足要求的设备进行筛选；基于 SQL 数据库的设备属性参数信息与图面元件符号建立关联关系，回路标注功能提取设备库信息根据特定规则标注到图面中；自动对主接线元件进行编号处理，完成主接线设计。

1. 图形库和方案库的创建扩充

通过 AutoCAD 创建的二维图形符号，可以进行入库存储，为后面创建电气主接线图和关联属性参数提供便利。

通过二维图例符号关联的间隔回路、区域方案、整体方案扩充，后期可以直接进行典型回路和方案的调用。具体的扩充流程图，如图 5-6 所示。

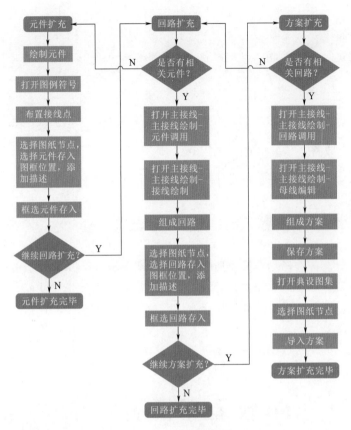

图 5-6 扩充流程图

2. 设备属性参数的创建

基于 SQL 数据库可以实现设备参数的扩充和记录，包括设备的主要参数、物料编码等信息。

3. 主接线绘制

在进行绘制的时候可以实现回路的预览和选择，并可以自动判定相同回路自动选择；可以进行动态预览；可设置回路间距和整体布置方向，实现配电区域的自动布置。

4. 主接线编辑

主接线绘制好后，需要一些细节调整，通过回路间接线、回路内接线、成套设备定义、回路刷新、期次定义等功能实现主接线快速编辑。对于非参数化绘制的回路，可以通过工程间隔定义，定义各配电装置中的串或间隔信息，以便与系统关联，为后续服务。尤其是智能选型复用的主接线通过主接线编辑功能可以快速修改形成系新的主接线方案。

5. 设备赋值

可实现设备参数信息赋值以及导线信息赋值，以物料编码为基础信息关联到设备模型。

6. 主接线标注

主接线标注，实现对回路、设备的自动标注，并可以规范设计师标注的字体、字型、电气参数内容等。

7. 主接线编号

对主接线图进行工艺编码，确定设备在工程中的唯一性，对于不满足编写要求的给出提示。

8. 期次转化

可完成回路或设备前期、本期、后期的设置，不同期次可以通过颜色加于区分。

三、主接线成图

通过将主接线图纸保存在数据库中，实现数据的保存传输。

第三节　设　备　选　择

工程设计中，设备选择是非常重要一环。在设计模式中，选择相应的工程名称，可以进行工程级别的设备选型。在布置设计端，也可以启动工程库选型功能。工程库选型使用是一种优化方式，从公共库中选取适用于本工程的数据，避免工程库过大，存有过多无用数据。

工程库完成设备库的选型之后，会自动将设备库关联的族一并选型到工程库的族库中，所以选型时仅需进行设备库选型即可。

第四节　配　电　装　置　设　计

通过对通用三维模型库的使用，发现库中模型的精益程度仍需进一步提高，以满足深化设计要求，特别是需要完善变电一次、二次相关所有电气设备、装置的基础模块搭建，包含电气连接件、屏柜及装置，达到可以直接调用功能，并扩充主接线设计中110kV、220kV等电压等级通用设备参数及二次设备类型，方便直接赋值和调用，形成优化分析结果。

三维模型的布置设计是变电站三维设计的重要部分，所以通过实现对配电装置设计的优化可以极大地提高设计速度，同时结合三维自身的优势，实现二维和三维联动，达到快速设计，智能设计的目的。

一、配电装置轴网设计

参数化轴网，将轴网设计与系统设计相结合，自动提取系统设计内的间隔名称，生成对应的轴网，在界面上可对轴网间距进行调整，还可设置设备间轴线，满足正向设计需求。

间隔间距，表示两个间隔轴线距离或者出线间隔轴线距离，可以通过计算得到，也可以手动输入实现。间隔间距作用方式可以分为所有间隔、出线间隔，两种模型，用途是解决敞开式、封闭式两种配电装置方案。

间隔轴线，会显示系统树节点中的配电装置下的间隔。界面中参考尺寸、实际尺寸均表示一根轴线的尺寸距上一根轴线尺寸的距离，参考尺寸表示两个轴线锁定的距离，而两个轴线之间的轴线等分排列，用实际尺寸表达，如图 5-7 所示，出线 1 为参考轴线，并且参考尺寸为 12000mm，表示出线 1 距离进线 1 的距离为 12000mm，而母联间隔在这两个间隔中间；第一个间隔参考尺寸、实际尺寸都为 0；修改某个间隔的参数尺寸值，如果为空则为非参考间隔，如果有值，则为参考间隔，修改后，该间隔的参考尺寸为空，并且与旁边其他的非参考间隔平分两个参考间隔之间的间距，如果将 TV 间隔的参考尺寸填上 12000mm 后，则尺寸变化的结果见表 5-1。

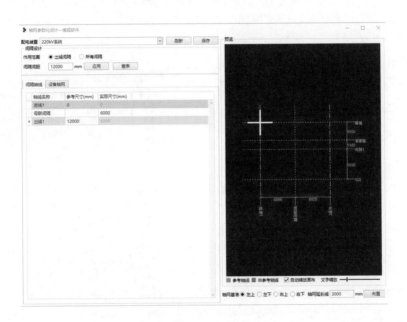

图 5-7　轴网设计界面

表 5-1　　　　　　　　　　　　　　修 改 前 后 对 照 表　　　　　　　　　　　　单位：mm

轴网	修改前		尺寸修改后	
出线 1	12000	6000	12000	6000
母联		4000		6000
TV		4000	12000	6000
出线 2	12000	4000	12000	12000

轴网实际尺寸修改规则，两个参考轴线之间的轴线调整实际尺寸后，通过调整下面那条参考轴线的实际尺寸补齐，但是参考轴线的实际尺寸必须大于或等于 0，见表 5-2。另外，参考轴线不允许修改实际尺寸。

设备轴线。设备设施设计，既可以水平绘制，也可以垂直绘制，水平与垂直的轴线尺寸分别在两个页面表达，通过双击左侧枚举的设备设施，快速添加到右侧轴线编辑界面中，通过设置实际尺寸完成轴网设计。

表 5 - 2　　　　　　　　　　　尺 寸 修 改 规 则 表　　　　　　　　　　　单位：mm

轴网	修改前		尺寸修改后		尺寸规则修改后	
出线 1	12000	6000	12000	6000	12000	6000
母联		4000		5000		9000
TV		4000		4000		4000
出线 2	12000	4000	12000	3000	12000	无法生成报错

设备设施枚举的轴线包括母线、变压器、GIS、HGIS、断路器、隔离开关、接地开关、电压互感器、电流互感器、避雷器、电容器、电抗器、支柱绝缘子、分割线、围墙、道路、构架、建筑边线、其他等，其设备枚举图如图 5 - 8 所示。

参数化绘制功能，可以实时预览，在预览图可以看到带标注的轴线。预览无误后可以将轴网布置到图纸中。

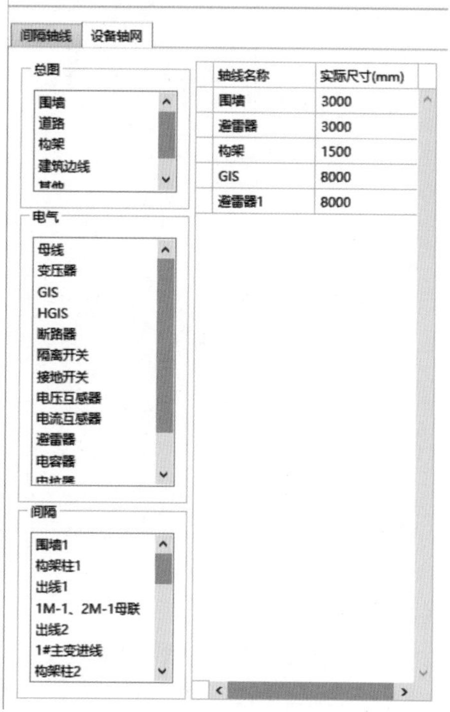

二、设备布置

1. 手动布置

可以从公共库和工程库中选择任意类别下的模型，进行布置，从公共库选取的模型会自动加载到工程库下。布置出来的设备可以根据需要进行设备替换或者模型替换。设备替换，模型的外形和属性参数同时替换；模型替换仅替换模型的外形，但属性参数依然是之前的；布置的时候根据需要进行单个或者三个布置，如果布置三个需要先输入间距，然后布置出三相设备，布置很灵活。

2. 系统生成

在 CAD 端完成了主接线绘制，并关联了设备后，返回 REVIT 端，可看到关联的设备，从此处选择模型布置，可确保三维设计端与二维设计端选用的模型相一致，且所有数据源头一致。

图 5 - 8　设备枚举图

3. 间隔复制

通过参数化轴网功能布置了轴线，并在轴线上布置了设备，设备的系统与轴线名称相对应，完成设备编码。完成一条间隔的设备布置，并完成系统定义及设备赋值，然后通过间隔复制，可将一条间隔内容复制到多条相同类型的间隔下，复制后的设备，可保持原有的设备属性并根据复制到的轴线进行设备系统定义和设备赋值。

4. 批量复制

针对多个相同构件，可以把其中一个作为基准构件，把需要复制的构件，一次性批量生成。

三、导体设计

(一) 导线设计

1. 导线绘制

在三维设计中，进行设备间，跨线间、跨线与设备间等的导线连接。要正常使用导线连接功能，应提前完成工程库的选型，选型内容包括导线、线夹、绝缘子串。具体导线绘制包括以下内容：

(1) 跨线连接。适用于梁与梁之间的导线连接，跨线起始点上的耐张串需挂接在接线板上，接线板应为三相（A、B、C），才可实现三相间连接；跨线连接效果图如图 5-9 所示。

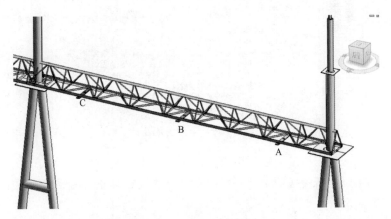

图 5-9　跨线连接效果图

若需要连接的是 V 串，则布置的构架梁上的接线板需要为 AABBCC 格式才能正常使用。

选择连接方式为"跨线连接"，选择电压等级、弧垂、导线数量、型号等；当导线数量为非"1"时，需要输入分裂间距值并设置间隔棒信息；分别设置起点线夹 1 和终点线夹 1；跨线的线夹仅支持耐张线夹。

线夹型号，程序做了自动筛选，当有适用的线夹型号时会自动选中，也可下拉选择其他型号；所有的型号均支持检索，如手动输入"NYH"可检索出所有带"NYH"的型号。

当起点或终点线夹 1 的类型选择为"耐张线夹不带引流"则需要添加起点或终点线夹 2；线夹 2 仅可选择设备线夹，类型依据导线数量确定。

跨线连接需要用到绝缘子串，要提前进行工程库的选型。

绝缘子串数据可在数据库中进行扩充或调整，调整串长度要注意"长度、后段长、片数"等参数值，确保可正常生成耐张串；绝缘子串的单片参数由该条数据下关联的"绝缘子单片"中的数据确定。

依据 GIM 建模规定，耐张串的一个大伞裙＋一个小伞裙组合才称为一个单片，因此一个耐张串如果有 33 片，则其实际是 33 个大伞裙加小伞裙的组合体。参数说明如图 5-10

所示。

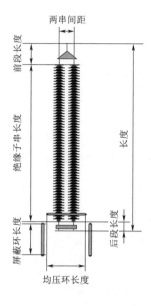

参数说明:
(1) 绝缘子串片数:一个大伞裙加一个小伞裙为一片,片数为33片。
(2) 绝缘子串长度=片数×单片高度。注意片数过多导致串长度过长,会使前段长度过短,导致无法生成耐张串。不必填写,仅需输入片数。
(3) 前段长度=长度-后段长度-绝缘子串长度。前段长度不用输入,由程序自动计算。
(4) 耐张串的角度,受跨间距及弧垂影响,通过程序自动调整生成。
(5) 以下参数可在设备库中输入的数值调整:
长度:决定耐张串、悬垂串总长度;必填值。
后段长:决定串的后段长度,影响前段长度;必填值。
片数:决定实际布置出来的绝缘子串的片数;必填值。
绝缘子串样式:下拉选择单串、双串、V串,对应导线绘制里的绝缘子-样式选项。
绝缘子串芯半径:绝缘子串芯的半径及粗略状态下串的半径;必填值。
绝缘子串的大小伞裙半径及单片高度,根据该条数据下关联的"成套设备信息"里绝缘子串单片数据中"单片半径"及"长度"参数值驱动。目前大小伞裙半径一致。
两串间距:双串、V串时决定两串之间的间距,双串、V串时必填、单串时无效。
均压、屏蔽环长度、间距、宽度:当选择有均压、屏蔽环时,输入的参数值生效。

图 5-10　参数说明图

(2) 引出线。适用于从梁上绘制引出变电站的引出线使用。

(3) 跳线。主要是指整跳的情况,即起点终点连接在梁左右两侧的跨线上,中间由挂在梁上的悬垂串固定。

悬垂串手动布置到所需位置,并调整高度至正确的位置;悬垂串的参数由库中数据确定,但需注意此处关联的族要选择带"(参变)"的族,否则无法正确驱动数据;悬垂串参数值应正确输入,注意"长度""后段长""片数"等参数值,确保可正确生成悬垂串。

跳线起点和终点的线夹1应选择"T型线夹"或"变线线夹";并选择好"跳线线夹";参数选择完毕后,依次拾取落在跨线上的起终点位置,随后再拾取布置好的悬垂串,即可完成跳线绘制。

(4) 引下线。适用于从跨线上引下导线,连接到设备上使用,或跨线到悬垂串的半跳连接。

起点线夹1可选择"T型线夹"或"变线线夹"根据导线数量决定;当所选的跨线上的金具已经带有了设备线夹(跨线连接带有线夹2)时,起点线夹1可选择为"无",绘制时可直接拾取跨线上的设备线夹。终点线夹1选择"设备线夹",类型根据导线数量而定。

(5) 导线间接线。适用于导线与导线间的连接,如不带悬垂串的跳线连接。导线间接线起点和终点的线夹1分类可选择"T型线夹"和"变线线夹",依据导线数量确定。

(6) 设备间接线。适用于设备与设备间的导线连接。设备线夹类型中字母"A、B、C"表示线夹的角度,分别表示"0°、30°(45°)、90°";具体可从设备库中设备线夹节点上设置。

设定导线数量，起点线夹及终点线夹的类型要与导线数量对应，如选择导线数量为
"2"，则线夹类型应为双导线。所连的两端设备上若已有设备线夹，则可将线夹分类选择
为"无"，例如需要从耐张串上的耐张串带引流上直接引出导线到设备上时，起点线夹 1
分类应选择为"无"终点线夹 1 分类应选择为"设备线夹"。

若两设备间隔较远，需要中间添加一个"支柱绝缘子"族做过渡，可在"设备间接
线"的"固定线夹"节点处添加固定金具，固定线夹的类型由导线数量确定。

设定好设备间接线的参数后，在图面上依次拾取两个设备，若有固定线夹，则最后再
拾取一个支柱绝缘子。随后完成设备间接线。

（7）地线。用于从梁上引出的一根地线使用。地线无相序，仅可为单相绘制，且导线
数量仅为"1"。直接设定弧垂及导线型号后，即可拾取梁上接线板完成地线绘制。

2. 导线编辑

导线绘制完成后，依然可以进行参数的调整。支持相同连接方式的导线批量修改。

3. 导线联动修改

工程中设备、构架等都完成了导线连接，此时发现设备或构架位置需要调整，若直接
手动拖拽，则所连导线将发生错位，无法满足指导施工的要求，通过智能操作来满足联动
修改。

设计思路是首先记录当前图面的连接状态，为
了后续修改做准备，在调整已经连接了导线的设备、
带接线点的梁后，通过将图面前后状态进行对比，
来进行导线的自动修复。

4. 相序反转

适用于三相设备或三相成组的单相设备。可将
A－B－C 相序，调整为 C－B－A 相序，相序图如
5－11 所示。

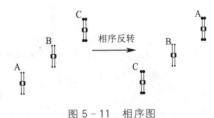

图 5－11　相序图

（二）母线设计

1. 母线绘制

（1）悬吊母线。可在构架梁（构架接线点）上生成母线，目前支持绝缘子串样式包含
单串、双串、V 串。

母线参数说明：当母线相数为 ABC、CBA 这种三相绘制形式时，需要设置相间距，
相间距决定个各相母线间距，而不受所选构架梁上接线点位置控制。母线高度不得超过所
拾取的构架梁接线点的高度。

当绝缘子串样式选择为"V 串"时，母线参数"挂点间距"有意义。

当绝缘子串样式选择为"双串"时，目前程序固定了分裂间距为 400mm。

对构架梁的要求：若选择为"V 串"仅可拾取"AABBCC 或 CCBBAA"这种带有 6
个接线点的构架梁。

当进行三相绘制时，拾取的梁上必须带有 B 相接线点，母线会按照 B 相接线点位置
确定 B 相母线的位置，再根据相间距确定 AC 相母线的位置。

当进行单项绘制时，拾取的梁上必须带有对应相序的接线点，如绘制 A 相单相母线，

则梁上必须带有 A 相接线点，母线生成时，自动寻找离拾取点最近的 A 相接线点位置，生成母线。

（2）支撑母线。支撑母线可用于在任意位置上的母线绘制，可以不依托设备或构架。

当母线类型选择为"矩形"时，可设置母线层数，但实际绘制出的都是一层，只是在材料统计时，会按设置的层数统计出来。

可按需选择"终端信息"，当设置了终端，则仅可绘制一条直段的母线，不能绘制连续的、带转弯的母线。

绘制的时候可以拾取绝缘子，根据绝缘子顶部位置，依次生成母线，此时生成的母线不含母线金具，仅依据设备上绝缘子位置确定母线高度而已。也可以直接在图面上绘制母线的路径，生成母线，此时母线的高度会受母线参数"母线高度"控制。

（3）设备母线。设备母线用于设备间的母线连接。

母线绘制时高度选择"随设备"生成的母线将根据所拾取的设备中最高的接线点位置确定母线高度；选择"输入"可输入任意数值，但高度不可低于所选设备的接线点高度，否则无法生成。

（4）GIL 母线。GIL 母线，用于绘制封闭母线，如 GIS 间相连的母线套管等。

进行母线参数的设置时，母线外径、弯曲半径均可手动输入任意数值。母线的高度可在进入绘制界面后，随时调整，可一次性绘制出各个朝向，各个高度的母线。母线绘制效果如图 5-12 所示。

图 5-12　母线绘制效果图

为了确保母线绘制的流畅性，当绘制完整条路径后，若存在某些位置的空间过小，不足以生成设定的值的弯头时，程序将自行判断，调整至合理尺寸，并予以提示，亮显被调整过尺寸的弯头。

2. 母线编辑

母线编辑功能，可对已绘制完成的悬吊母线，设备母线，支撑母线及 GIL 母线进行修改，如悬吊母线中 V 串的挂点间距、母线相间距、各类母线的型号，尺寸、高度等。

3. 母线升降

母线升降功能，可用于对管母、母排的局部高度调整工作。输入升降的高度，输入正值向上偏移，输入负值向下偏移。拾取母线第一点为要打断的点，再点击第二点确定进行升降的方向，如第二点点击的在第一点的右侧，则会将右侧所有母排一并进行升降。

4. 支架

可给母排添加支柱绝缘子，绝缘子的高度，根据所选的楼板及母排位置，自动调整。拾取母排，再拾取楼板，随后生成支架。

5. 金具布置

管型母线，矩形母线、GIL 母线上的金具可以布置，当母线为三相母线时，使用三相布置可自动放置到各相母线上。金具布置效果图如图 5-13 所示。

图 5-13 金具布置效果图

（三）电缆设计

（1）电缆绘制。主要是指高压电缆绘制。借助软件的编号功能以及计算规则可以辅助设计人员更准确的选择绘制电缆。在进行绘制的时候，需要填写"编号"，后续编号值会自动递增，确保编号不重复。转弯半径需输入大于标准规范值，可按所选路径进行一次性绘制，绘制完毕，程序会自动判断是否存在空间过小导致无法生成设定的弯曲半径值的弯头；若存在，程序会自动调整弯头大小直至可以正确生成弯头。调整后会予以提示，可查看被程序调整过的弯头位置，确定要保留弯头还是调整空间位置。

（2）支吊架。可根据电缆的位置，自动批量生成支吊架。

四、配电装置编辑

通过智能选型复用工程之后，需要根据实际工程情况对各间隔的顺序或间距以及设备间距顺序进行调整时，可通过编辑功能拾取图面信息，进行轴网以及相关设备设施的编辑及调整，包括对间隔轴网的间隔间距、相间距、设备轴线的尺寸、相间距等参数进行调整修改，参数调整后在预览界面可以实时看到效果，预览确认无误后点击右下角更新按钮，图纸将自动更新。

需要注意的是更新只更新设备，导线如果需要联动更新，需要单独触发，详见导线设计中的导线联动修改。

第五节 屏 柜 设 计

变电站电气二次设计主要是指屏柜设计。屏柜设计包括屏柜的设计、选型、编码、布置、修改、提取、刷新等；变电智能设计将屏柜布置及二次安装位置定义二者合二为一，操作更顺畅、更便捷、更易用。

变电二次的三维设计尤其是屏柜设计的智能设计，首先从三维数据库层次做了优化，为智能设计奠定基础，提高智能设计的水平与效率。

（1）三维通用设计库整体实现二次系统的优化建模，建立二次系统的布置模型，实现二次设备布置设计的可视化展示及设备属相信息提炼。

（2）视频监视系统、安全警卫系统、火灾报警系统及网络传输等应在三维通用设计库中体现，满足安全监控及无人值班的设计要求。

（3）三维库中搭建二次屏柜及柜内设备模型，建立二次设备模型子库（独立于一次设备模型库）。增加屏柜内电缆接线端子，具有二次光缆、电缆（低压电力电缆、控制电缆）敷设、二次电缆沟布置及端子排接线设计功能。

（4）三维库中根据电气二次系统站控层、间隔层和过程层设备及交直流系统、通信系统配置情况按照全站自动化系统图、屏柜布置图、端子排图进行三维索引与映射。

（5）三维库与采用数字化设计手段完成电气原理图逻辑接线设计，自动生成端子排图、虚端子图、电缆清册及光缆接线表、SCD 文件等相关内容，优化电缆/光缆路径的功能链接并实现自动生成清册功能。

（6）三维库中增加通信设备模型及模型间的弱电线路连接及综合布线模型，并具有与设计平台链接自动生成电缆清册功能。

一、屏柜信息定义

1. 工程系统信息建立

系统设计用于定义工程各专业的系统信息包括一次、二次、土建专业，在节点上右键建立系统信息的节点树，只有一次或者二次专业建立的系统信息，才能在二次专业安装位置定义中读取到用于设备的定义。

2. 安装位置定义

二次专业读取电气专业建立的系统信息，来定义二次设备，这里可以将二次建立的设备归属到某一次设备下，前提条件是需该一次设备已经编码且拥有二次部件信息，才能读取过来。

电气一次或者二次建立系统信息后，就能看到电气专业的系统信息，即设备安装区域信息；确定二次箱盘柜信息，可以自定义也可以根据一次发布的设备定义，并自动对设备进行编码。

通过在系统树，选择一条要添加屏柜的间隔，手动输入"屏柜名称""屏柜编号"，随后进行屏柜的选型，实现屏柜数据的添加。

二、屏柜布置

屏柜数据添加完成后，选择要布置出来的屏柜，同时选择标记类型，如屏柜名称、编号、间隔等，将所选屏柜插入到图纸中完成屏柜布置。

屏柜完成布置后如果需要修改，可以通过刷新将视图中屏柜的设计属性进行刷新修改，从而保证了界面数据与模型设计属性数据的一致性。

若当前视图中已经布置了屏柜，可能是通过手动布置等方式完成了，则可通过提取三维数据的方法将屏柜数据提取到屏柜设计对话框中，随后还可以对这些数据进行屏柜名称、编号、选型、编码等操作。

三、自由组柜

逻辑模型（SLCD 文件）是一种描述柜内连接、柜间连接、光电缆连接，设备材料属性的 XML 文件。

利用 SLCD 文件可实现变电二次系统三维设计的自动组屏，减少三维设计的复杂程度。设计软件自动获取逻辑文件中的设备材料属性，拓扑连接关系，位置关系等自动搭建屏柜。自动组屏程序图，如图 5-14 所示。自动组屏实现逻辑图，如图 5-15 所示。

```
<?xml version="1.0" encoding="UTF-8"?>
<SPCL>
  <Substation name="D03" desc="河北秋山变电站" gridName="华北地区" areaName="ED工程" voltag
    <Region name="R220" desc="继电保护小室" type="">
      <Cubicle name="1P" desc="监控主机屏" type="2260x1000x800" class="" hight="" wide="" le
      <Cubicle name="2P" desc="数据服务器屏" type="2260x1000x800" class="" hight="" wide=""
      <Cubicle name="3P" desc="综合应用服务器屏" type="2260x1000x800" class="" hight="" wide
      <Cubicle name="4P" desc="II区III、IV区远动通讯屏" type="2260x1000x800" class="" hight=""
      <Cubicle name="5P" desc="I区远动通讯屏" type="2260x800x600" class="" hight="" wide=""
      <Cubicle name="6P" desc="变电站图像监控系统屏" type="2260x800x600" class="" hight="
      <Cubicle name="7P" desc="公用测控屏" type="2260x800x600" class="" hight="" wide="" len
        <Unit name="2-21n" desc="" iedName="" type="PCS-9705C-H2" class="C" pos="F1-U15-M1" h
          <Board name="B01" desc="" type="NR4106" class="" list="1" hight="" wide="4">
            <Terminal name="0101" desc="" type="" class="" opposite="1-21n0101" />
            <Terminal name="0102" desc="" type="" class="" opposite="1-21n0102" />
            <Terminal name="0103" desc="" type="" class="" opposite="1-21n0103" />
            <Terminal name="0104" desc="" type="" class="" opposite="1-21n0104" />
            <Terminal name="0105" desc="" type="" class="" opposite="" />
            <Terminal name="0106" desc="" type="" class="" opposite="" />
            <Terminal name="0107" desc="" type="" class="" opposite="" />
            <Port no="1" desc="" direction="RT" plug="RJ45" usage="" />
            <Port no="2" desc="" direction="RT" plug="RJ45" usage="" />
            <Port no="3" desc="" direction="RT" plug="RJ45" usage="" />
            <Port no="4" desc="" direction="RT" plug="RJ45" usage="" />
          </Board>
          <Board name="B2" desc="" type="4T空板卡" class="" list="2" hight="" wide="4" />
```

图 5-14　自动组屏程序图

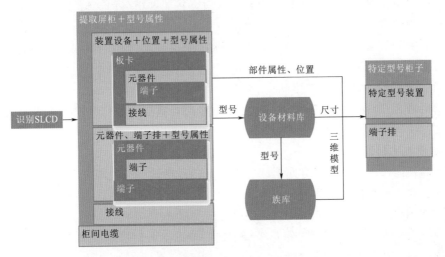

图 5-15　自动组屏实现逻辑图

SLCD 逻辑信息描述了屏柜、装置、板卡、端子、接线信息。系统通过识别 SLCD，提取屏柜、装置、板卡、端子等型号信息。在设备材料库与族库找到相应的设备族模型，再铜鼓 SLCD 中描述的部件属性及位置将族模型组装起来，得到相应的二次屏柜。简化为将二次逻辑文件转换为三维自动组柜组屏设计，实现二次系统三维模型库的扩充、二次屏柜设计、编辑，完成二次系统屏柜、设备的组装、布置。主要包括导入 SLCD、导出 SL-CD、删除 SLCD、导出检查报告、柜内尺寸设置、布置屏柜、参数保存，参数图如图 5 - 16 所示。

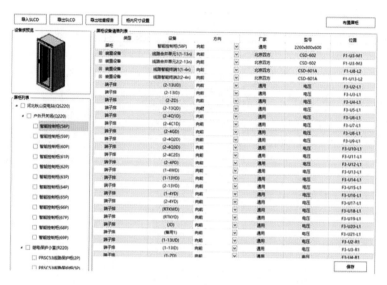

图 5 - 16　参数图

1. 导入后缀为 ". slcd" 文件

导入后缀为 ". slcd" 的变电站二次物理回路配置描述文件，自动解析后缀为 ". slcd" 文件中的屏柜以及屏内设备的参数；重复导入时，按照屏柜名称（编号）唯一性原则，进行覆盖和追加处理。

导入后缀为 ". slcd" 文件后，空开朝向默认向后，其他元件朝向默认向前，可根据需求自行修改。

2. 导出后缀为 ". slcd" 文件

导出后缀为 ". slcd" 的变电站二次物理回路配置描述文件：勾选特定屏柜后，支持导出对应二次屏柜以及屏内设备信息。

3. 柜内尺寸设置

设置屏柜内尺寸，对柜深方向上的板面数量、线槽长度、线槽宽度、水平方向上的间距、左右挡板长度，柜体尺寸进行查看或修改。柜内尺寸设置图，如图 5 - 17 所示。

4. 布置屏柜

在已导入后缀为 ". slcd" 文件并选型正确的情况下，勾选对应屏柜就可以在 revit 图纸上进行屏柜以及屏内设备的布置。

常见的屏柜主要为两种：线路保护柜和 AB 舱汇控柜，主要区别是线路保护柜是单舱位，而汇控柜支持 AB 双舱布置。布置 AB 舱汇控柜的柜体时，需 A 舱布置，再 B 舱布置。对于后缀为 ". slcd" 文件中，如果没找到 AB 舱区分的位置，都默认为 A 舱（图 5 -

18、图 5-19)。

布置屏柜时，可根据实际设计的 U 层去码放柜内设备，不会自动铺满整个布置区域。例如，某屏柜内设备最多布置到 21U，但屏柜本身有效高度为 42U，布置效果则为设备位置占用前 21U，其余位置则用挡板填充。屏柜布置图如图 5-20 所示。

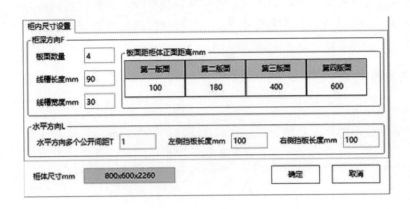

图 5-17　柜内尺寸设置图

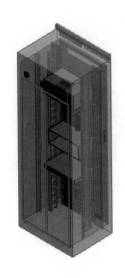  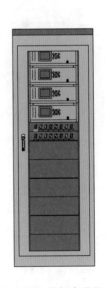

图 5-18　线路保护柜显示效果图　　图 5-19　AB 舱汇控柜显示效果图　　图 5-20　屏柜布置图

第六节　接　地　设　计

一、电缆沟内材料统计

根据需要添加本工程所涉及的电缆沟尺寸，设定对应的系数值，用以确定各个电缆沟对应的接地线绘制样式，如在沟壁两侧绘制一排接地线，则设定系数为2，统计出来的接地长度即为该电缆沟长度的两倍；如在沟壁两侧绘制三排接地线，则设定系数为6，统计出来的接地长度即为该电缆沟长度的6倍。

提取到的电缆沟尺寸及长度为图纸中的实际信息，不可修改；接地的规格材质默认提取当前项目中的接地网规格材质，也可通过下拉选项修改；若提取到的电缆沟尺寸与前期在电缆沟接地配置中设置的电缆沟尺寸一致，且所选的接地材质规格相同时，会默认提取配置中的系数，也可手动修改系数值。

二、焊点布置与统计

1. 焊点布置

通过提取当前图纸的接地网信息，自动在接地网打断的地方生成焊接点。分析在同一直线上、收尾相接、材质规格一致、绘制方向一致的接地网。此类焊点不打断接地网，仅放置在位置点上。

目前焊接点的类型有"L、T、十、一"；焊接点材质有钢、铜之分，只要焊接点连接的材质中有铜存在，那么该焊接点就是铜材质的。平面效果图及三维效果图如图5-21、图5-22所示。

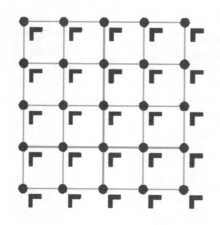

图5-21 平面效果图

图5-22 三维效果图

2. 焊点统计

如材质为含铜材质，并完成了焊点布置，即可进行焊点统计，统计内容包括按焊点类型；焊点两端材质、规格；焊点数量进行统计，生成"绘图视图-接地焊接点统计表"并自动打开。接地焊接点统计表见表5-3。

表5-3 接地焊接点统计表

焊接点类型	材 料 规 格	数量/个	焊接点类型	材 料 规 格	数量/个
十	扁铜-56×120 & 扁铜-56×120	1	一	扁铜-56×120 & 扁铜-56×120	4
T	扁铜-56×120 & 扁铜-56×120	4			

三、接地装置布置

系统提供常用接地装置，接地块等模型，通过调用布置，实现快速布置。

第七节 电 缆 排 列

一、电缆通道设计

电缆通道设计包括桥架绘制、支吊架绘制、电缆沟设计等。选择以电缆沟设计为例进行说明。

参数化绘制电缆沟，自动处理拐角、三通、四通；电缆沟支架全部扩充到数据库中，通过设置层架所敷设的电缆类别来实现电缆敷设的规则，保证敷设与实际效果一致；可以按照规则对电缆沟进行自动编号，也可以手工编号或修改，对于编号重复相同的电缆沟给予警告；设备与电缆沟之间能够自动接线，可以自动生成电缆沟剖面图，剖面中可以查看电缆在各层的实际布置效果。

对于需要的电缆沟沟体类型及支架类型可以扩充或者删除。

电缆沟绘制时可以选择电缆沟类型、支架类型、左右支架的有无、高程差，从而绘制出满足要求的电缆沟。可以对绘制好的电缆沟进行拾取再编辑，达到想要的电缆沟样子。选择两条电缆沟，则两条电缆沟在最近的地方形成一个拐角进行连接。在电缆沟放置的楼板平面开槽，用于放置电缆沟。

参数化绘制电缆沟，自动处理拐角、三通、四通；电缆沟支架全部扩充到数据库中，通过设置层架所敷设的电缆类别来实现电缆敷设的规则，保证敷设与实际效果一致。可以按照规则对电缆沟进行自动编号，也可以手工编号或修改。对于编号重复相同的电缆沟给予警告。

设备与电缆沟之间能够自动接线。可以自动生成电缆沟剖面图，剖面中可以查看电缆在各层的实际布置效果。实际布置效果图，如图 5-23 所示。

二、电缆自动敷设

1. 电缆管理

管理工程中，当前子项的电缆信息，可以手动添加电缆，也可以通过导入清册的方式将本地清册表导入，方便快捷。手动添加界面图如图 5-24 所示，自动导入界面图如图 5-25 所示。

设置 Excel 表与电缆清册列之间的对应关系（如电缆编号在 Excel 表中为 E 列，那么在界面中电缆编号下面那个输入框中输入 E）。其中带红色星号的输入框为必选框，必须输入对应的内容。其余的输入框为可选框，可选择输入。另外，若电缆清册中电缆型号与电缆规格在同一列，中间以减号、逗号或空格连接，如 KVVP4×2.5、ZR-XGSU2，3×2.5、KVVP-4×2.5 三种类型，软件也能够智能的自动将这一列拆分为电缆型号与电缆规格两列。

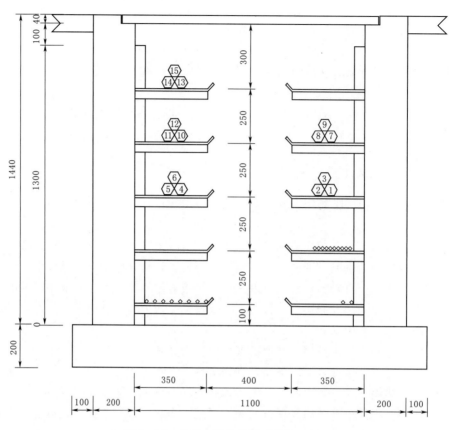

图 5-23 实际布置效果图（单位：mm）

注：1～15 是敷设电缆编号。

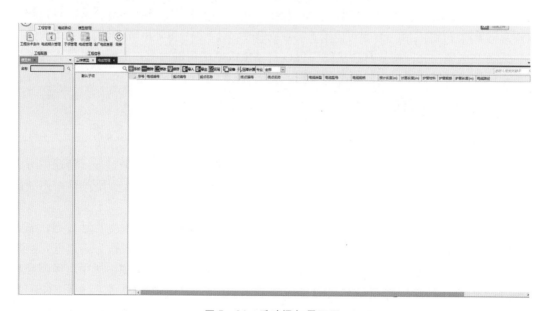

图 5-24 手动添加界面图

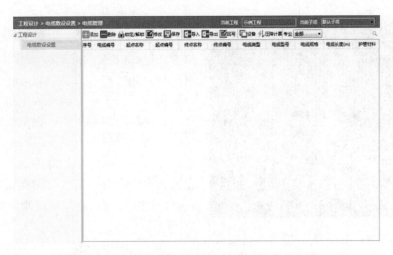

图 5-25 自动导入界面图

若用户电缆清册中线路起点或线路终点的编号与名称在同一列，也可以根据设置自动将其拆分成两列。电缆清册操作图如图 5-26 所示。

序号	电缆编号	起点名称	起点编号	终点名称	终点编号	电缆类型	电缆型号	电缆规格	电缆长度(m)	护管
1	F17AC	开关柜	AA15	电动蝶阀现场	F17AC	控制电缆	KVVP	4x1.5	0	
2	F18AC	开关柜	AA15	电动蝶阀现场	F18AC	控制电缆	KVVP	4x1.5	0	
3	F19AC	开关柜	AA15	电动蝶阀现场	F19AC	控制电缆	KVVP	4x1.5	0	
4	F20AC	开关柜	AA15	电动蝶阀现场	F20AC	控制电缆	KVVP	4x1.5	0	
5	F21AC	开关柜	AA15	电动蝶阀现场	F21AC	控制电缆	KVVP	4x1.5	0	
6	F15AC	开关柜	AA15	电动蝶阀现场	F15AC	控制电缆	KVVP	4x1.5	0	
7	F16AC	开关柜	AA15	电动蝶阀现场	F16AC	控制电缆	KVVP	4x1.5	0	
8	F1	罐式液控止回	F1AC	罐式液控止回	F1	电力电缆	YJV-0.6/1kV	4x70	0	
9	F2	罐式液控止回	F2AC	罐式液控止回	F2	电力电缆	YJV-0.6/1kV	4x70	0	
10	F3	罐式液控止回	F3AC	罐式液控止回	F3	电力电缆	YJV-0.6/1kV	4x70	0	
11	F4	罐式液控止回	F4AC	罐式液控止回	F4	电力电缆	YJV-0.6/1kV	4x70	0	
12	F5	罐式液控止回	F5AC	罐式液控止回	F5	电力电缆	YJV-0.6/1kV	4x70	0	
13	F6	罐式液控止回	F6AC	罐式液控止回	F6	电力电缆	YJV-0.6/1kV	4x70	0	
14	F7	罐式液控止回	F7AC	罐式液控止回	F7	电力电缆	YJV-0.6/1kV	4x70	0	
15	F1AC	开关柜	AA08	罐式液控止回	F1AC	控制电缆	KVVP	4x1.5	0	
16	F2AC	开关柜	AA09	罐式液控止回	F2AC	控制电缆	KVVP	4x1.5	0	
17	F3AC	开关柜	AA10	罐式液控止回	F3AC	控制电缆	KVVP	4x1.5	0	
18	F4AC	开关柜	AA11	罐式液控止回	F4AC	控制电缆	KVVP	4x1.5	0	
19	F5AC	开关柜	AA12	罐式液控止回	F5AC	控制电缆	KVVP	4x1.5	0	
20	F6AC	开关柜	AA13	罐式液控止回	F6AC	控制电缆	KVVP	4x1.5	0	
21	F7AC	开关柜	AA13	罐式液控止回	F7AC	控制电缆	KVVP	4x1.5	0	
22	F8AC	开关柜	AA08	电动蝶阀现场	F8AC	控制电缆	KVVP	4x1.5	0	
23	F9AC	开关柜	AA09	电动蝶阀现场	F9AC	控制电缆	KVVP	4x1.5	0	

图 5-26 电缆清册操作图

2. 设备编号

在设计图中相应位置放置含有设备编号的方块，作为设备的接线点，为电缆敷设的起终点设备。

3. 电缆敷设

通过颜色对电缆状态作出区分。锁定的电缆用浅蓝色表示；已敷设但未锁定的电缆用浅黄色表示；未敷设的电缆用白色表示；显示更直观清晰。

可以对电缆敷设进行敷设规则设置。可以自由定义电缆敷设的先后顺序；可以在敷设时进行类型匹配，完全按照电缆类型进行敷设，需要在桥架设计和电缆沟设计的时候选择

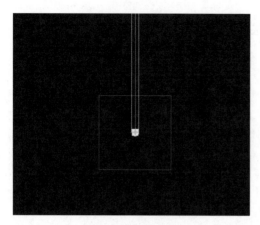

图 5-27 电缆敷设操作图 1

对应的电缆类别；可以在敷设的时候限制桥架，电缆沟或布线所能敷设电缆的最大根数；在敷设时考虑桥架、电缆沟的容积率，限制百分比可在系统参数设置中设置。还可以按照设计需求，手动输入电缆的路径，包括强制路径和禁止路径。在敷设完成后可以自动显示敷设报告，以及进行记录查看，显示经过桥架或电缆沟的电缆的路径，还可以在列表中点击设备编号，则在图纸中查找该设备并居中显示，电缆敷设操作图 1 如图 5-27 所示。

在列表中点击敷设成功的电缆编号，则这根电缆的路径会居中显示在图纸中，电缆敷设操作图 2 如图 5-28 所示。

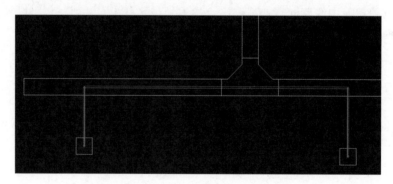

图 5-28 电缆敷设操作图 2

拓扑图管理，可以加载其他子项的拓扑图到当前拓扑图中，用于敷设子项之间的电缆。可以将土建等其他专业的 rvt 模型导入至拓扑图中。可以对设备与节点以及颜色进行设置，还可以进行断网检查。检查时候以每个节点为中心，输入的范围为半径，检查半径内是否有其他节点，若存在，则给予提示；可双击提示的条目进行定位，并建立连接关系。可以查看桥架属性，可在拓扑图中修改桥架的宽度、高度及所敷设的电缆类型属性。

如果提取的拓扑图有变化，可以清空当前子项现有的拓扑图与数据库中的拓扑图关系，重新提取拓扑图，会将图面上的桥架、电缆沟、设备、线缆提取到当前子项中，拓扑图提取效果如图 5-29 所示。

敷设操作，可以在敷设之前检查出错的电缆信息。如不存在设备起终点的电缆、型号规格不存在的电缆、重复的设备、连接类型不匹配的桥架等，完成拓扑图之后，对选择的电缆进行敷设。

4. 节点编号

用于生成桥架、电缆沟及电缆交叉处的节点编号，便于以后生成电缆节点走向表。可以设定节点编号的默认方向及内容，包括变好的先后顺序、方向、后缀等。

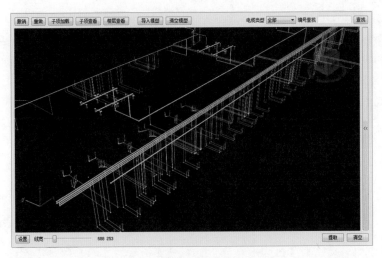

图 5-29　拓扑图提取效果图

5．通道编号

用于生成桥架及电缆沟的通道编号，便于以后生成电缆走向表。设置方法参考节点编号。

6．电缆标注

可以直接在电缆沟、桥架及电缆旁边标注经过它们的电缆编号、电缆型号、电缆规格及标高，电缆标注效果如图 5-30 所示。

7．断面标注

可标注出电缆沟及桥架断面图中的电缆编号，断面标注图如图 5-31 所示。

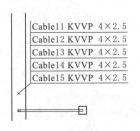

图 5-30　电缆标注效果图

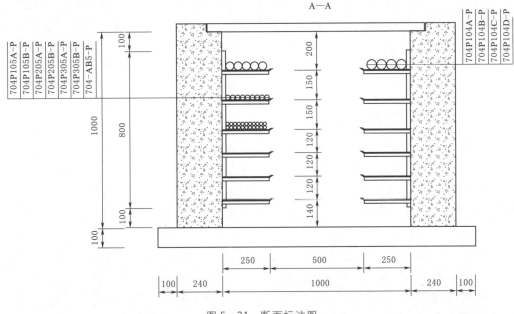

图 5-31　断面标注图

8. 逻辑标注

（1）逻辑标注。可在电缆沟、桥架及电缆线旁标注序号，通过【生成表格】功能生成该序号位置的电缆编号表格，标注在图面中；此功能可在空间较紧密的位置进行序号标注，在其他位置生成标注内容表格，逻辑标注图如图5-32所示。

（2）生成表格。与【逻辑标注】配合使用，可选择逻辑标注的序号，将通过该位置的电缆编号标注在图面中，逻辑标注效果图如图5-33所示。

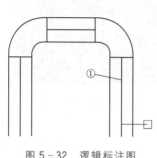

图5-32　逻辑标注图

Cable01	Cable02
Cable03	Cable04
Cable05	Cable06
Cable07	Cable08
Cable09	Cable10

图5-33　逻辑标注效果图

三、电缆模型排列

电缆排列设计会列出施工方案设计中设计的全部方案，用户可以选择某个施工方案进行排列，排列成功后电缆将会显示在三维引擎上。电缆模型方案排列图如图5-34所示。

图5-34　电缆模型方案排列图的排列效果。

电缆排列窗口中蓝色背景表示电缆已排列，白色背景表示未排列；双击已排列的电缆可以在三维场景中进行定位。

排列规则可以进行设置，可以分别选择一次电缆与二次电缆的排列的规则。并设置电缆排列时，是否考虑电缆转弯半径。

同时根据规则可以对施工方案的所有电缆进行自动排序；将所选电缆进行三维空间位置排列展示，排列时必须按从上到下的顺序进行，才能进行自动排列；手动排列可以对电缆进行逐段排列，红色箭头表示电缆在当前桥架中的摆放位置，白色虚线表示电缆可以选择的位置，通过键盘的WASD进行上下左右调节；调节到每段都设置后即可应用；如果需要重排，可以清除所选电缆

第八节　电　气　算　法

通过短路电流计算、导线拉力计算、防雷接地、高压设备选型校验、低压系统负荷计算、压降计算、电动机启动校验、导线力学计算、悬吊管型母线受力计算、支撑管母受力

计算、母线感应电压计算、配电装置电气校核（导线相间、跳线相间、跳线相地）谐波计算，感应电压计算以及系统阻抗换算等多种通用计算，保证变电站设计符合相关规程规范，实现智能设计边缘计算功能。

一、短路电流计算

实现模拟实际系统合跳闸及电源设备状态计算单台至多台变压器独立或并联运行等各种运行方式下的短路电流，自动生成详细计算书和阻抗图。可以采用自由组合的方式绘制系统接线图，任意设定各项设备参数，根据自由绘制的系统进行计算，自动计算任意短路点的三相短路、单相短路、两相短路及两相对地等短路电流，自动反馈电流，可以任意设定短路时间，自动生成正序、负序、零序阻抗图及短路电流计算结果表。短路电流计算图，如图 5-35 所示。

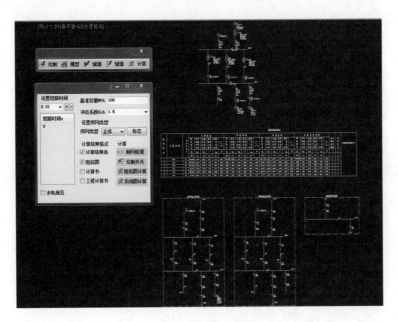

图 5-35　短路电流计算图

二、设备选型校验

从主接线参数中自动读取工作电压、工作电流，展示到选型校验结果中；从短路电流计算结果中自动读取短路点、三相短路有效电流、三相短路冲击电流、三相短路周期分量、短路持续时间，计算非周期分量等效时间；根据工作电压、工作电流、分断电流从数据库中选择满足条件的设备与导体；详细结果展示，展示选型校验过程及结果，详细结果支持展示和收起；生成图表，生成当前电压互感器选型结果表，插入到当前图纸中选择的位置；出计算书，按照计算书标准格式生成当前电压互感器 Word 格式计算书。选型效果图如图 5-36 所示。

图 5-36 选型效果图

三、负荷计算

根据需要系数法进行负荷计算，同步进行无功补偿，根据计算结果自动选择变压器及高压母线。计算结果可以生成 Word/Excel 的计算书和 CAD 格式的结果表，其结果如图 5-37 所示。

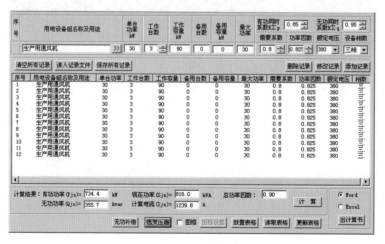

图 5-37 负荷计算结果图

四、导线拉力计算

根据设定的导线和现场参数进行拉力计算。可以进行带跳线、带多根引下线、组合或分裂导线在各种工况下的导线力学计算。计算结果能够以安装曲线图、安装曲线表和Word格式计算书三种形式输出。导线、绝缘子串、气象条件数据可任意扩充。导线拉力计算示意图如图 5-38 所示。

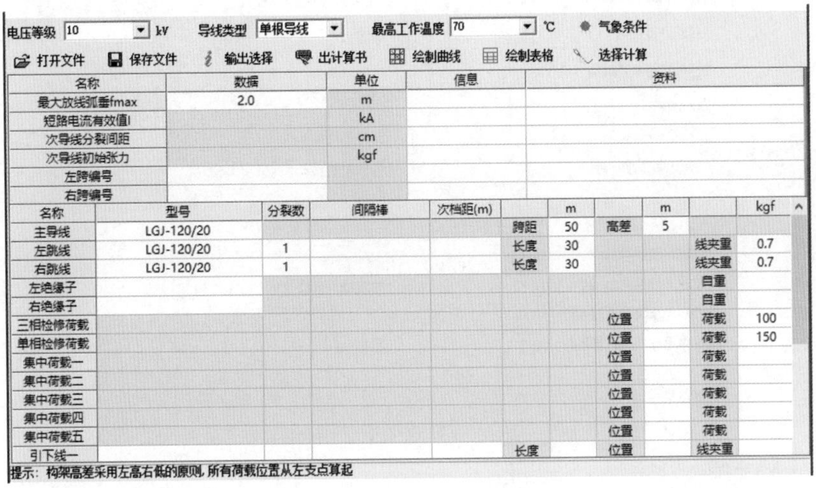

图 5-38 导线拉力计算示意图

五、悬吊管母线受力计算

根据设定的导线和现场参数进行受力计算。可以进行正常工况、短路情况下带跳线、带多根引下线的管母线位移及拉力计算。计算结果能够 Word 格式计算书形式输出。悬吊管母线受力计算图，如图 5-39 所示。

图 5-39 悬吊管母线受力计算图

六、支撑管母线受力计算

主要计算支持管母线在各种荷截组合条件下母线产生的最大弯矩 M_{max} 和应力 δ_{max}、挠度的校验计算。悬吊管母线受力计算图，如图 5-40 所示。

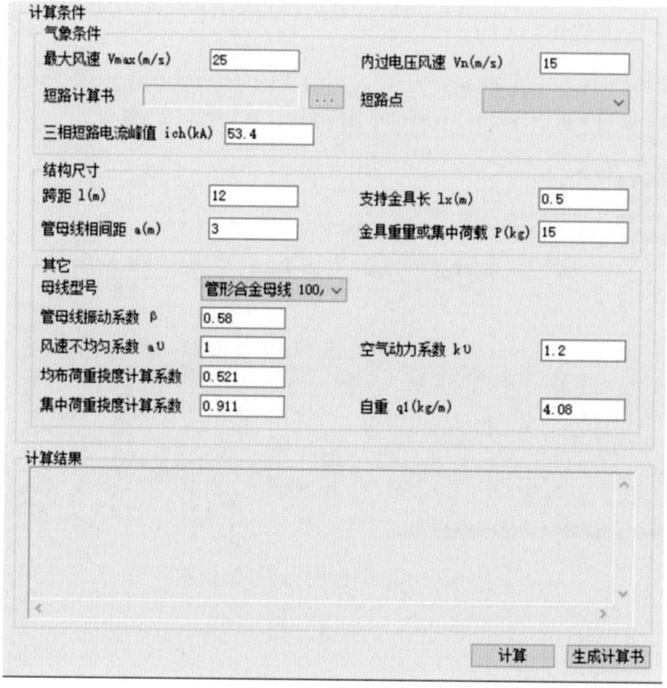

图 5-40　悬吊管母线受力计算图

七、母线感应电压计算

母线接地器安装间距计算可用于当母线停电检修时，计算作用在停电检修母线上的长期工作电磁感应电压和瞬时电磁感应电压，并根据感应电压，在保障检修人员安全的前提下，确定母线和接地器间所允许的最大间距。母线感应电压计算图，如图 5-41 所示。

八、配电装置电气校核

屋外中型配电装置的带电距离校验用于计算跨距内绝缘子串和导线在风力与短路电动力作用下产生摇摆时，导线相间和导线与接地部分间能满足绝缘配合的最小电气要求。包括导线相间距离校验、跳线相间距离的校验和跳线相地距离的校验。配电装置电气校核图如图 5-42 所示。

九、压降计算、电动机启动校验

根据系统图自动读取相应参数，并根据读取的参数进行计算和校验。压降计算、电动机启动校验图如图 5-43 所示。

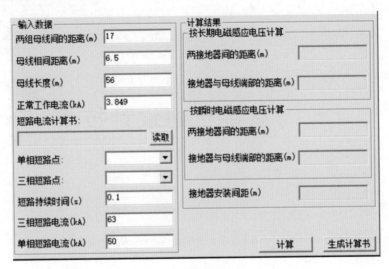

图 5-41　母线感应电压计算图

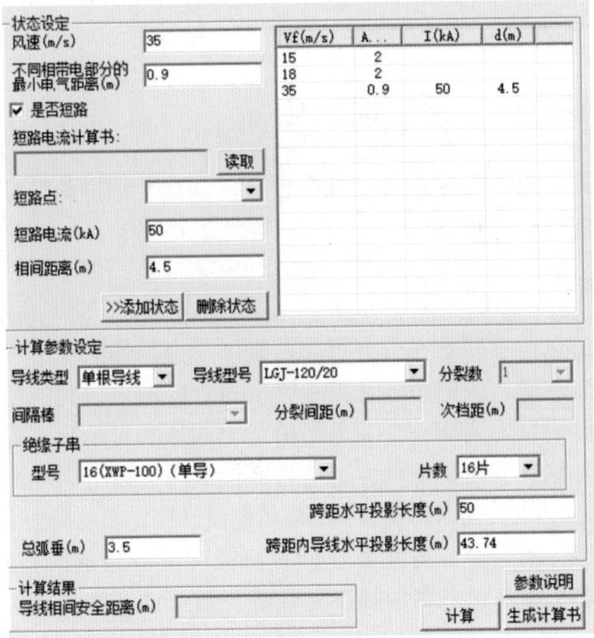

图 5-42　配电装置电气校核图

图 5-43　压降计算、电动机
启动校验图

智能土建设计技术

变电站土建设计是重要内容，基于通用设计、基础处理、专业族等各类库，实现智能设计功能。包括站址选择及落地、地基方案、建筑物设计、校核检查、成果输出等主要内容。变电站土建设计流程图如图 6-1 所示。

第一节 设 计 原 则

变电站土建设计本着经济、合理、绿色、先进理念开展设计，达到"标准化设计、工厂化加工、模块化建设"目标，实现绿色建设。

一、变电智能选址设计原则

变电站智能选址落地设计研究的总体思路是在安全可靠前提下，突出体现经济性、合理性、先进性。以变电站落地规范为基础，变电站选址流程为依据，提取可量化的规则和规范，结合地理信息系统的精确地形信息，实现整个变电站的优化选址和自动化布置，使变电站选址总体设计方案更经济、可靠、节能、环保。变电管库选址时有以下设计原则：

（1）选址设计方案要体现解放思想、求实创新，要勇于突破传统设计模式和格局的束缚。

（2）供电安全可靠原则。各选址、落地设计方案要在调查研究和充分论证的基础上，以安全供电为首要原则。在不影响安全生产运行的前提下，在进行指标体系的优化，形成合理、先进的数学模型，提高设计的技术含量。

（3）供电经济性原则。在不妨碍生产和运行的条件下，进行变电站落地的优化设计，减少变电站的占地和建筑面积、压缩附属设施，以利于环保和可持续发展。

（4）贯彻"安全可靠，经济适用，符合国情"的电力建设方针，在保证安全可靠的前提下，采用成熟的先进技术，降低工程量，控制工程造价。

（5）充分发挥计算机技术优势，提高设计效率。提高变电站选址、落地自动化水平，提高数据的综合管理水平，减人增效，实现管理水平和技术的跨越。

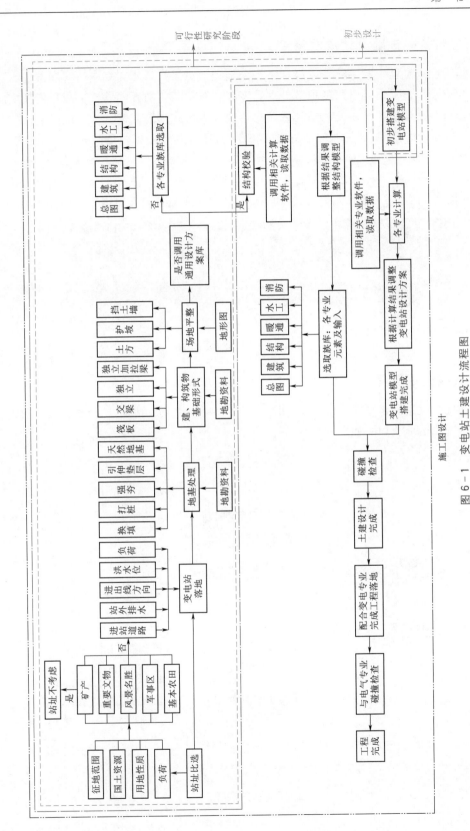

图 6 - 1 变电站土建设计流程图

二、变电智能选址设计技术路线

变电站智能选址基于数字化变电设计平台和地理信息系统，研究变电站智能选址、落地的技术和方法，建立地区常用的地基处理方案库，根据相应的智能设计功能，依托实际工程案例进行工程应用，实现变电站的智能化落地及多形式选址方案。

基于GIS地理信息系统，圈画站址备选区域，再结合勘测专业提供负荷分布、城建规划、土地征用、出线走廊、交通运输、水文地质、环境影响、地震烈度和环境保护等因素，提取有效的属性，可量化指标，将指标进行综合权重归一化处理，给各个站址进行综合评价和优化计算，确认最优站址区域，为设计人员提供选址依据。变电站智能设计逻辑图如图6-2所示。

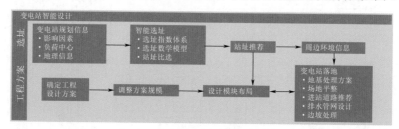

图6-2 变电站智能设计逻辑图

三、智能选址流程

智能选址流程主要是划定选址初始范围、信息收集和提取、站址计算和必选、推荐选址方案等，智能选址流程图如图6-3所示。

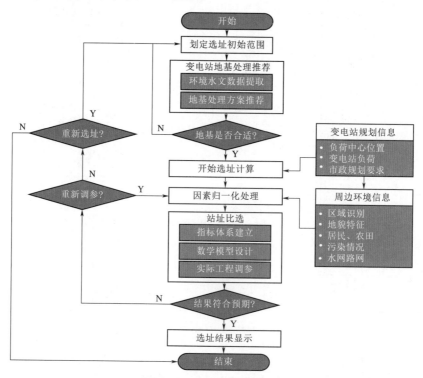

图6-3 智能选址流程图

第二节 站 址 选 择

一、站址规划

根据变电站设计规程要求，为使地区电源分布合理，变电站合理选址应充分考虑变电站所在地区原有电源、新建电源及规划建设电源使电源布局分散，既可达到安全可靠供电的目的，又可减少二次网的投资和电网损耗。站址靠近供电区域负荷中心，通常先对变电站的供电对象，负荷分布情况以及近期和远期在电力系统中的地位作用，做出综合分析，选择比较接近负荷中心的位置作为所址，以便减少工程建设投资及电网损耗。

使用频度分析法，对国内外选址相关研究中的指标进行分析，集合变电站选址目前所处的实际情况及相关问题，将智能变电站的选址影响因素分为经济因素、地形因素、国土资源与灾害因素、自然资源因素和人文因素五大类，每类包含多项子因素。

智能变电站指标体系就是通过智能变电站影响因素中的子因素进行分析、整合，选取合适的自因素或自子因素的集合作为指标，并根据指标对变电站选址的情况设定指标值，最终实现智能变电站的选址体系构建。指标体系可根据实际情况进行优化，智能变电站选址影响因素应考虑越全面，选址更准确。

通过研究传统变电站选址中考虑的因素，综合考虑确定变电站选址的指标体系时应根据以下要求：

（1）变电站总体规划应与当地市政规划相协调的前提下，满足靠近负荷中心。站址的选址必须适应电力系统发展规划和布局的要求，尽可能地靠近负荷中心。

（2）考虑地质灾害对变电站的影响，不能建在已存在地质灾害危险等级较高的区域，如已有滑坡、泥石流、大型溶洞等地段。避免与军事、航空、通信设施相互干扰，不压覆地矿、文物。

（3）对于山区等特殊地形，总体规划应考虑山形、边坡稳定，洪水内涝的影响。当变电站站址内的山体占比超过一定比例时，应视为不宜建区域。山区地形还需要考虑地震烈度的影响，地块内的地震烈度超过一定级别，即可视为不宜建区域。

（4）满足节约用地的原则。遵循经济技术合理的原则，尽可能提高土地的利用率；尽量选择荒地、差地合理利用，避免选择良田、耕地、果园等区域；用地紧凑，因地制宜。

（5）对于附近存在大量居民区、企业的情况，不仅要考虑拆迁补偿，还需要考虑运行后对周边造成污染、电磁辐射等的问题，尽量降低对周边环境、居民造成影响，将民生问题作为头等大事对待，切实维护公众的利益。

（6）变电站规划根据工艺布置要求及施工运行、检修和生态环境保护需要，结合站址自然条件按最终规模统筹规划，近远期结合，以近期为主。

（7）变电站的进站道路、大件设备运输、给排水设施、站用外引电源、防排洪设施等站外配套设置应一并纳入变电站站址的规划。

（8）满足线路走廊进出便捷的要求，便于各级电压线路的引进和引出。

（9）满足交通运输通道要求，变电站尽可能选择在已有或规划的公路或交通线附近，以减少交通运输投资，加快建设和降低运输成本。

（10）满足周边存在可靠的水源，饮用水应符合国家饮用水卫生标准。

（11）站址远离污染源或位于污染源上风侧。

（12）站址标高在 50 年一遇高水位之上，否则，站区应有可靠的防洪措施或与地区（工业企业）的防洪等级相一致，但仍应高于内涝水位。

经由上述条件进行筛选比对和要素提取，共提取出十五个选址主要的影响要素。以要素的关注方面，将要素分成安全性指标、经济性指标，环境性指标和运行性指标四大类，将选址要素分为三层结构：上层为要解决的问题，即变电站站址选择问题；中间层为安全性、经济性、环境性、运行性分项指标；底层为分项专业指标。选址主要影响要素图如图 6-4 所示。

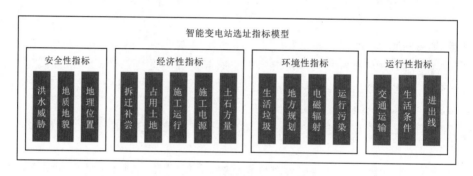

图 6-4　选址主要影响要素图

集合变电站选址面临的具体情况以及遇到的相关问题，选择针对性较强的指标，组成优选指标体系后，需要对指标的数值等级进行确定，指标解析如下。

1. 安全性指标

安全性指标包括洪水威胁、地质地貌、地理位置。

（1）洪水威胁。变电站标高需要高于 50 年一遇的洪水位，同时需要高于当地历史最高内涝水位。同时还要考虑当地的洪水等级，洪水等级越高说明地块面临的洪水威胁越高，适宜度也相应下降。水文指标见表 6-1。

表 6-1　　　　　　　　　　　　　　水 文 指 标 表

变电站电压等级	洪 水 位	变电站电压等级	洪 水 位
35～110kV	50 年一遇	220kV 及以上	百年一遇，且高于历史最高内涝水位

（2）地质地貌。变电站需要避开军事文物地矿区域，如果区域内存在上述属性的范围，则该地块为禁建地块。如果地块周边存在军事文物地矿区域，则按照距离的远近进行

区域指标值的评估，距离越远，指标值越高。

针对地标不同的样式，将地形分为平原、丘陵、山地、高原、盆地。其中，平原为最适宜建站的位置；山地为最不适宜建站的位置；其他地形按照本地的要求进行分级。经研究冀北地区的地形特征，地质指标对应表见如表6-2。

表6-2　　　　　　　　　　　　　　地质指标对应表

地质地貌	指标值	地质地貌	指标值
平原	9	高原	3
丘陵	5	盆地	7
山地	1		

由于变电站布置时需要考虑坡度问题，且地形的原始坡度对站址的挖填方也有影响，故变电站站址原始的坡度的影响也需要进行考虑。站区自然地形坡度在5%～8%以上，且原地形有明显的坡度时，站区竖向布置宜采用阶梯式布置。

当前选址区域内山体范围大于30%时，应视为禁建区域。山体占比越小，区域的建站宜度越高。

（3）地理位置。变电站距离负荷中心越近，供电半径就越小，网损也将减少，电网结构更安全，同时降低变电站建设的初始投资和后期的运行费用。但是负荷中心如果为居民聚集区，还需要考虑电磁辐射和运行污染的影响。在后面环境指数中，交叉考虑。距离负荷中心指标值见表6-3。

表6-3　　　　　　　　　　　　距离负荷中心指标值表

距负荷中心距离	指标值	距负荷中心距离	指标值
超出规定	0	未超出规定	1

站址附近的地震烈度和变电站要求的地震烈度也是该项目中的考虑因素。国家规定的地震烈度级别分为12个等级，站址所处地区的地震烈度，在以往达到9度及以上，则该位置应为不宜建区域。同时变电站设计烈度需大于地块范围内地震烈度平均水平。地震烈度指标见表6-4。

表6-4　　　　　　　　　　　　　　地震烈度指标表

地震烈度	表现	指标值
1度	无感——仅仪器能记录到	9
2度	微有感——个别敏感的人在完全静止中有感	8
3度	少有感——室内少数人在静止中有感，悬挂物轻微摆动	7
4度	多有感——室内大多数人，室外少数人有感，悬挂物摆动，不稳器皿作响	6
5度	惊醒——室外大多数人有感，家畜不宁，门窗作响，墙壁表面出现裂纹	5
6度	惊慌——人站立不稳，家畜外逃，器皿翻落，简陋棚舍损坏，陡坎滑坡	4

续表

地震烈度	表　　现	指标值
7度	房屋损坏——房屋轻微损坏，牌坊，烟囱损坏，地表出现裂缝及喷沙冒水	3
8度	建筑物破坏——房屋多有损坏，少数破坏，路基塌方，地下管道破裂	2
9度	建筑物普遍破坏——房屋大多数破坏，少数倾倒，牌坊，烟囱等崩塌，铁轨弯曲	1
10度	建筑物普遍摧毁——房屋倾倒，道路毁坏，山石大量崩塌，水面大浪扑岸	禁建
11度	毁灭——房屋大量倒塌，路基堤岸大段崩毁，地表产生很大变化	禁建
12度	山川易景——一切建筑物普遍毁坏，地形剧烈变化动植物遭毁灭	禁建

2. 经济性指标

经济性指标包括拆迁补偿、占用土地、施工运行、施工电源、土石方量。

（1）拆迁补偿。拆迁过程中所需要的补偿，是变电站建站过程中的成本的一部分，对于变电站建站的效益有所影响。选址地块内存在居民区、林地、农用地、坟地、果园等，以占地比例为标准进行拆迁赔偿的初步计算，综合考虑所有占比的影响，最终得出拆迁补偿的指标值。

（2）占用土地。变电站占地面积一般根据主要设备的布置而不同，变电站设计中需遵守用地紧凑的原则，节省土地的使用。同时，选址时应尽量避免选择耕田、果园等经济土地，尽量选择荒地、劣地等进行变电站的建设。如果无法避免，则尽量将经济土地的占比降到最低。土地类型指标值见表6-5。

表6-5　　　　　　　　　　　土地类型指标值

土壤类型	指标值	土壤类型	指标值
耕地、园地、特殊用地	1	商服用地	5
水域及水利设施用地	2	工矿仓储用地	3
交通运输用地	2	林地	5
公共管理与公共服务用地	7	草地	7
住宅用地	3	其他土地	5

（3）施工运行。变电站站址尽量选择在已有或规划的公路等交通线附近，以减少交通运输的投资。变电站在施工过程中也离不开对于水的需求及周边生活条件的影响，因此选择附近有可靠水源地、可靠排水设备的区域也很重要，饮用水的水质应符合国家饮用水卫生标准，变电站的生产废水或雨水及生活污水应符合国家活动地方排放标准，上述都直接影响了施工过程中生产、运输、生活的经济成本。

（4）施工电源。施工电源的选择，影响了变电站施工建站过程中的供电问题，其选择的合理性直接影响施工前期成本。

（5）土石方量。在兼顾出线规划顺畅、工艺布置合理的前提下，变电站应结合自然地形布置，尽量减少土石方量。变电站场地设计综合坡度应根据自然地形、工艺布置（主要是户外配电装置形式)、土质条件、排水方式和道路纵坡等因素综合确定，宜为 0.5%～2%；有可靠排水措施时，可小于 0.5%，但应大于 0.3%；局部最大坡度不宜大于 6%；户外配电装置平行于母线方向的场地设计坡度不宜大于 1%。站址范围内地形的自然坡度、周边规划、地域洪水水位标高都会直接决定变电站建设的土石方工程量，也是选址过程中的重要指标。

3. 环境性指标

环境性指标包括生活垃圾、地方规划、电磁辐射、运行污染。

(1) 生活垃圾。变电站的建设能有效提高周边的供电能力，但建设过程中产生的粉尘、噪声都会对周边居民造成很大的影响。后期建成运行中形成的生活垃圾及污水，也会对城市的清洁及排水造成影响。

(2) 地方规划。变电站站址的选址，对系统的安全性和经济性有很大的现实意义。电网规划的优化会带来可观的经济效益。在选择站址过程中，地方规划也要纳入重点考虑范围内。依据当地城市规划，因地制宜，使变电站数量、容量、站址位置与城乡规划相一致。在规划时本着科学发展观的理论依据，考虑近远期结合，近期为主，远期为辅的原则，尽量与市政规划方向相一致，降低变电站建设成本，从而更好地满足城市的电力需求。

(3) 电磁辐射。变电站建成后，供电过程中，会造成一定的电磁辐射。由于近年来，公众对于变电站电磁辐射的讨论越来越多，人们自我保护意识增强，变电站的电磁污染是否会影响周边居民的健康人民关注的重点。

(4) 运行污染。变电站建成运行过程中，产生的其他运行污染，在站址选择初期也要进行考虑。选址的时候应尽可能避开城市上风口，在能够满足变电站对无线电通信设施的要求的前提下，尽量远离易燃易爆、环境污染严重地区，远离人口密集的住宅区。

4. 运行性指标

运行性指标包括交通运输、生活条件、进出线。

(1) 交通运输。站址的选址应充分考虑站址附近的交通运输情况，减少交通运输投资，同时在建成后持续运行期间，运营保养方面的运输也存在很大的需求。因此，选址的时候应该尽量靠近公路、主干路。

(2) 生活条件。虽然变电站选择荒地、远离人口集中地的要求很高，但是在建设期间和建成运行后，变电站工作人员在生活中和生产活动方面有条件需求，对于站址水源、交通便利、周边生活设施也有一定的需求。保证站直用水的可靠性，距离最近的居民区位置方面也要有所考虑。

(3) 进出线。变电站的选址，应便于线路走廊的铺设，考虑各级电压线路的引进和送出，尽量减少线路交叉、跨越、转角。例如，在某 220kV 变电站选址工作时，待选站址之一的某地就因为村庄较多、进出线不便而放弃。

指标体系的建立并不是一个简单的工程，本节对当前可考虑的指标进行了总结和区分，从地形因素、经济因素、环境因素、运行因素建立了相应指标评价体系，并对一些可量化的指标展开了解释，为后续的研究奠定良好的基础。

二、站区设施位置规划

变电站站区方位、竖向布置、边坡支护、防（排）洪设计、进站道路的确定在规划区内外的布置方法不同，规划区内变电站总体布置较为单一，在满足电气工艺、线路及系统规划要求的前提下，主要受制于规划，而规划区外变电站主要取决于现场自然环境，位于平原地区变电布置较为容易，位于山区变电站布置受地形、地势、地质、水文、气象等自然条件的影响和制约。

变电站围墙形式根据站址位置、环境要求等因素综合确定。

变电站的主入口面向当地主要道路，便于引接进站道路。门宽应满足站内大型设备的运输要求，大门高度默认 1.5m。

变电站竖向布置分为平坡布置和阶梯布置两种形式，一般情况下采用平坡布置。

站区自然地形坡度在 5%～8% 以上，且原地形有明显的坡度时，站区竖向布置宜采用阶梯式布置。原有地形坡度大，但地形破碎时也不建议采用台阶布置。

根据地形布置围墙，变电站地址范围默认 2.3m 高的围墙，显示填方地区可适当降低围墙高度。

站区实体围墙应设伸缩缝，伸缩缝间距不宜大于 30m。在围墙高度及地质条件变化处应设沉降缝。

场地综合坡度应根据自然地形、工艺布置、土质条件、排水方式和道路纵坡等因素综合确定，一般设置为 0.5%～2%；变电站设计方案中有可靠排水措施时，坡度可小于 0.5%；局部最大坡度不宜大于 6%，必要时宜有防冲刷措施。

场地坡向要有利于变电站内、外排水系统的连接，并且尽量与原地形坡向一致。

建筑物室内地坪应不低于室外地坪 0.3m。在湿陷性黄土地区，多层建筑的室内地坪应高于室外地坪 0.45m。

站内外道路连接点标高的确定应便于行车和排水。站区出入口的路面标高宜高于站外路面标高。

变电站场地按设计标高平整后，站区周围存在填、挖方边坡，变电站边坡处理方式有护坡、挡土墙或护坡及挡土墙相结合的形式。

边坡坡度应按岩土的自然稳定倾角确定，坡面应做护面处理，坡脚宜设排水沟；挡土墙墙背应做好防排水措施，在泄水孔进水侧应设置反滤层或反滤包。

位于膨胀土地区，挡土墙高度不宜大于 3m，在挖方地段的建（构）筑物外墙至坡脚支挡结构的静距离不应小于 3m。

坡顶至建（构）筑物的距离，应考虑工艺布置、交通运输、电缆竖井等要求。最小宽度应满足建筑物的散水、开挖基槽对边坡或挡土墙的稳定性要求，以及排水明沟的布置，且不应小于 2m。填方区围墙基础底面外边缘线至坡顶线的水平距离可采用 1.5～2m。

坡脚至雨水明沟之间，对砂土、黄土、易风化的岩石或其他不良土质，应设明沟平台，其宽度宜为 0.4～1.0m，如边坡高度低于 1m 或已做加固处理，可不设平台。

挡土墙、边坡设计应进行基础侧压力对挡土墙的影响校核。

场地排水应根据站区地形、地区降雨量、土质类别、站区竖向布置及道路布置，选择排水方式，宜采用地面自然散流渗排、雨水明沟、暗沟（管）或混合排水方式。

户外配电装置场地排水应畅通，对被高出地面的电缆沟、巡视小道拦截的雨水，宜采用排水渡槽或设置雨水口并敷设雨水下水道方式排除。

采用雨水明沟排水时，排水明沟宜沿道路布置，并减小交叉，当必须交叉时宜为正交，斜交时交叉角不应小于 45°。明沟宜作护面处理。明沟断面及形式应根据水力计算确定。明沟起点深度不应小于 0.2m，明沟纵坡宜与道路纵坡一致且不宜小于 0.3％，湿陷性黄土地区不应小于 0.5％。

当采用雨水下水道排水系统时，雨水口应位于汇水集中的地段。雨水口间距宜为 20～50m，当道路纵坡大于 2％时，雨水口间距可大于 50m；当道路交叉口为最低标高时，应增设雨水口。

挖方区有汇水面积时坡脚宜设截水沟。

变电站的进站道路宜采用公路型，城市变电站宜采用城市型。道路宽度应根据变电站的电压等级确定，其中：

（1）110kV 及以下变电站：4.0m。

（2）220kV 变电站：4.5m。

（3）330kV 及以上变电站：6.0m。

当进站道路较长时，330kV 及以上变电站进站道路宽度可统一采用 4.5m，并设置错车道。错车道的布置应符合相关规定。

路肩宽度每边均为 0.5m。进站道路两侧根据需要设置排水沟。

进站道路路径宜顺直短捷，并宜利用已有的道路或路基，应尽量减少桥、涵及人工构筑工程量，避开不良地段、地下采空区，不压矿藏资源。

最大限制纵坡应满足大件设备运输车辆的爬坡要求，一般为 6％。

当路基宽度小于 5.5m，且道路两端不能通视时，宜在适当位置设错车道，错车道宜设置在纵坡不大于 4％的路段，任意相邻错车道之间应能互相通视。

站区大门前的进站道路宜设直段，直段长度应根据地形条件确定。进站道路应有良好的防洪、排水措施，当有弄灌渠穿越道路时，应有加固措施。

经逐条分析上述规则，大部分都可以通过量化分析，逐条解析为定量的规则条目。作为变电站落地的量化规则，在智能落地时，给地形数据进行调整，重新生成合理地形打下分阶调整地形规则的基础。

地理信息系统支持空间数据的导入、采集、管理、处理、分析、显示，解决复杂的规划和管理问题。地理信息系统的控件数据能有效的表达空间位置和属性数据。通过引入地理信息系统，导入当地精确的勘测地形、点云数据、倾斜摄影等数据，通过对地面坡度、水文条件、土壤信息、周围环境、规划数据的分析，提取变电站设计范围内的：地形走势、等高线三角网，分析周边地物、地下管网、水网情况。对于湖泊山脉、地下矿藏、城市经济繁华区域等明显不能满足变电站建设条件的区域进行区域禁入划分。将上述各变电站供电区域现状图矢量化，利用地图分层显示特性与负荷重心矢量图叠加，用作选址工作的基础图形。

第三节 站 址 落 地

一、站区位置及范围标绘

变电站落地规划设计是总布置设计的首要环节，只有在正确的总体规划指导下，才能设计出好的布置方案。总体规划一般采用以下方法和步骤：

（1）在已取得的建站地形图、地质资料、进出线路径规划、城镇及工业区规划图的基础上着手进行规划。

（2）先标出站区位置及范围，再依次标出：①各级电压进出线方位，并与站内相对应的配电装置方位一致，标明进出线回路及走廊宽度；②进站道路接引点和路径、转弯半径；③站区主要的出入口位置；④水源地及供水管线走径、取水设施及建筑（构）物；⑤排水设施、排放点位置及排水管走径；⑥生活区位置；⑦标出为变电站服务的生活设施的位置；⑧现场勘探，调查研究，协调各方关系，进行必要地调整和补充。

二、站区周边环境标绘

通过现场勘测地形地貌，取得当前精确的地形数据，将地形数据拟合到地理信息系统中。

将当地地区规划区域地理信息数据、周边输电线路地理信息数据、荷载中心位置，制成附带区域属性（禁入区、可建区、宜建区）的专题图形式，形成一个图层，加载在地理信息系统中；将勘测的道路、水网地理信息数据加载为另一个图层。

将需要考虑的影响因素分类及数据值，如近几年的水文资料、地域周边的地震预测、附近地区的土壤分布等，整理到数据库中。

基于上述加载了地区规划图、周边建筑物图、精确地形信息的地理信息系统，进行变电站站区周边环境的设计。

（1）周边规划区域、周边输电线路以区域范围图块形式明确显示在地图上；道路、水网以线的形式标示在地图上；根据区域属性：禁入区（红色）、可建区（黄色）、宜建区（绿色），且以图块、线的颜色进行区分。

（2）由设计人员标注变电站坐标点位置和范围值，以矩形图块的形式显示在地图上；以坐标点的形式标示相应输电线路进站、出站位置点，变电站进站点坐标点组、出站点坐标点组。

（3）由输电线路进站、出站位置点为起点，变电站进站点组、出站点组为终点，对路径途经的禁入区、可建区、宜建区，进行坐标点标记，采用 Dijkstra 算法计算最短路径的避障路径。生成：输电线路-变电站进站位置，变电站-输电线路出站位置的几组推荐路径。

（4）手工选择影响因素分类（气象区、土壤分层、土壤类型、年平水位、地震烈度等），系统由数据库中读取相应分类在当前变电站所在区域的数据值，形成影响因素矩阵。

第四节 地 基 处 理

一、地基处理目的

地区占地面积较大，各地区的地质条件有很大的差别。基于地区不同地质情况，对地区的已运行变电站的地基处理方式进行分析、研究、归纳、总结，在变电站设计阶段对地区智能变电站的地基处理方式的选用具有指导性意义。

二、地基处理方法

在选择变电站地基处理方案，应完成以下工作：

（1）搜集详细的岩土工程勘察资料、上部结构及基础设计资料等。

（2）根据工程的要求和采用天然地基存在的主要问题，确定地基处理的目的、处理范围和处理后要求达到的各项技术经济指标等。

（3）结合工程情况，了解当地地基处理经验和施工条件，对于有特殊要求的工程，尚应了解其他地区相似场地上同类工程的地基处理经验和使用情况等。

（4）调查邻近建筑、地下工程和有关管线等情况。

（5）了解建筑场地的环境情况。

基于地理信息系统的地基处理方案推荐，对当地的水文资料、地质资料进行整理、分类，即地基基础资料的收集、整理工作。其中地基处理具有地域性特征，不同地区由于地质构造不同，处理的方案不同。下面以冀北地区地基情况为例进行叙述。地域上冀北地区涵盖唐山、张家口、承德、廊坊和秦皇岛五个地区。收集到的地质资料为：

（1）完整的500kW以上变电站竣工图资料9套，属地（地区类别：县级及以上）分别为承德市滦平县、秦皇岛市昌黎县、张家口市康保县、唐山市乐亭县、唐山市唐海县、唐山市迁安县、张家口市张北县、承德市滦平县和承德市隆化县。变电站名称依次分别为滦县、昌黎、康保、乐亭、曹妃甸、唐山北、张北、承德西500kV变电站和承德1000kV串补站。

（2）完整的220kV变电站竣工图纸12套，属地（地区类别：县级及以上）分别为承德市兴隆县、承德市宽诚县、廊坊市固安县、廊坊市霸州、唐山市滦县、唐山市玉田县、秦皇岛市昌黎县、唐山市乐亭县、唐山市丰南、张家口市宣化县、秦皇岛市昌黎县和廊坊市安次区。变电站名称依次分别为兴隆东、都山、柳泉、杨芬港、马庄、后湖、新集、创业园、纵横、沙岭子、黄金海岸和杨官屯220kV变电站。

（3）完整的110kV变电站竣工图纸10套，属地（地区类别：县级及以上）分别为承德市承德县、廊坊市大城县、廊坊市霸州、秦皇岛市卢龙县、秦皇岛市昌黎县、唐山市唐海县、唐山市乐亭县、张家口市尚义县和张家口市沽源县。变电站名称依次分别为六沟、娘娘庄、小庙、施各庄、盛家屯、港东、马头营、大青沟和黄盖淖110kV变电站。

不同电压等级的地基汇总表，见表6-6～表6-8。

表6-6　　　　　　　　　　　　　500kV变电站天然地基汇总表

序号	变电站名称	所在地区	持力层土质情况	天然地基局部处理措施	备注
1	康保500kV变电站	张家口市康保县	黏土	基础未至持力层时毛石混凝土引伸至老土层	户外站
2	唐山北500kV变电站	唐山市迁安县	粉土	基础未至持力层时采用3:7灰土局部换填	户外站
3	张北500kV变电站	张家口市张北县	中粗沙	基础未至持力层时采用级配碎石局部换填	户外站
4	承德1000kV串补站	承德市隆化县	碎石	基础底局部回填土采用非冻胀碎石土（粒径小于0.075mm颗粒含量不大于15%）进行局部换填	户外站
5	承德西500kV变电站	承德市滦平县	粉质黏土	基础未至持力层时采用级配良好的砂石局部换填	户外站

表6-7　　　　　　　　　　　　　220kV变电站天然地基汇总表

序号	站名称	所在地区	持力层土质情况	天然地基局部处理措施	备注
1	兴隆东220kV变电站	承德市兴隆县	碎石土	如超挖或其他情况引起原状土扰动，采用级配碎石处理进行回填	户外站
2	都山220kV变电站	承德市宽诚县	粉质黏土	基础未至老土层时采用毛石混凝土引伸至老土层	户外站
3	马庄220kV变电站	唐山市滦县	粉砂土或细砂土	如超挖或其他情况引起原状土扰动，采用3:7灰土分层回填	户外站
4	后湖220kV变电站	唐山市玉田县	粉质黏土	基础侧的回填土2:8灰土	全户内
5	新集220kV变电站	秦皇岛市昌黎县	细沙	局部墙下条形基础下方用级配砂石换填至基础持力层	户外站
6	沙岭子220kV变电站	张家口市宣化县	中粗砂	基础侧的回填土，要求分250mm层夯实，压实系数不小于0.95	全户内
7	杨官屯220kV变电站	秦皇岛市昌黎县	细砂	基础侧的回填土，要求分250mm层夯实，压实系数不小于0.95	户外站

表6-8 110kV变电站天然地基汇总表

序号	站名称	所在地区	持力层土质情况	天然地基局部处理措施	备注
1	六沟110kV变电站	承德市承德县	粉质黏土	地基处理或超挖部分用C10毛石混凝土基础垫或碎石分层夯实至基底标高	户外站
2	娘娘庄110kV变电站	廊坊市霸州	粉质黏土	地基处理或超挖部分用C10毛石混凝土基础垫至设计标高	半户内
3	曹庄110kV变电站	秦皇岛卢龙县	黏土	基础作用未在持力层采用3:7灰土局部换填	户外站
4	施各庄110kV变电站	秦皇岛市昌黎县	中砂	超挖部分采用级配砂石进行换填	户外站
5	盛家屯110kV变电站	廊坊市三河县	粉土	基底未至在持力层，采用级配砂石进行局部换填	半户内
6	马头营110kV变电站	唐山市乐亭县	粉质黏土	基底未坐在持力层时采用中砂进行局部换填	户内站
7	大青沟110kV变电站	张家口市尚义县	强风化玄武岩	不处理	户外站

基于上述资料，可见地区主要的土壤类型为表层耕植土、黏土、粉质黏土、粉土、砂土、风化岩等，少见淤泥、湿陷性黄土等恶劣地质。

通过上述收集的资料，总结各个地区地基基础处理方式如下：

（1）对于唐山地区，地质条件具有多样性。廊坊地区，位于冲积平原地带，土质偏软。因此，该两地区的地基基础处理方式如下：

1）对于地基承载力特征值不小于100kPa，且无软弱下卧层的地基，一般采用天然地基，基础形式选用独立基础（带基础拉梁）或筏板基础。

2）对于软弱地基，特别是存在液化土的地基，进行地基处理等采用复合地基或桩基。复合地基经常选用CFG桩或震冲碎石桩。桩基采用灌注桩。单桩承载力特征值400～500kPa，复合地基承载力200～250kPa。桩径400～500mm，桩长20～30m。

（2）对于张家口地区，地质条件具有多样性。因此，对于地基承载力较高的地区，地基承载力特征值不小于100kPa时，一般采用天然地基，基础形式选用独立基础（带拉梁）或筏板基础。

（3）承德地区和秦皇岛地区，地质条件比较好。因此，一般采用天然地基即可，对于超挖或未至持力层的基础进行局部换填即可，换填材料根据当地实际情况采用。

针对上述数据的整理与地基基础规范的查阅，总结出地基处理的主要办法见表6-9。

表6-9 地基处理主要办法表

序号	分类	处理方法
1		机械碾压法
2		重锤夯实法
3	换土垫层法	平面振动法
4		强夯挤淤法
5		爆破法

续表

序　号	分　类	处　理　方　法
6		强夯法
7	深层密实法	碎石、砂石桩挤密)
8		土、灰土、二灰桩挤密法
9		石灰桩挤密法
10		堆载预压法
11	排水固结法	真空预压法
12		降水预压法
13		电渗排水法
14	加筋法	加筋土、土锚、土钉、锚定板
15		土工合成材料
16	热学法	砂桩砂石桩碎石桩热加固法
17		冻结法
18		注浆法/灌浆法
19	胶结法	高压喷射注浆法
20		水泥土搅拌法

　　根据上述资料，结合传统地基处理方案推荐方法，总结出十条适用于地区的地基处理方案，见表 6-10 所示，作为系统初始条件方案。

表 6-10　　　　　　　　　　　　　地基处理方案表

	厚度/m	水位	处　理　意　见		换填方法
耕植土	—	—	该种土壤不适合做持力层，如果采用该种土壤，给出提示"不适合做持力层"，请修改		
湿陷性黄土	1～3	土层在高水位以上	需消除地基的全部或部分湿陷量，或采用桩基础穿越全部湿陷性黄土层，或将基础设置在非湿陷性黄土层上	挖出浅层软层或不良土，分层碾压或夯实土，按回填的材料可分为砂（石）垫层，碎石垫层、粉煤灰垫层、干渣垫层、土（灰土、二灰）垫层等	换土垫层法
	3～12	土层在高水位以上		利用强大的夯击能，迫使深层土液化和动力固结，使土体密实，用以提高地基承载力，减小沉降，消除土的湿陷性、胀缩性和液化性	强夯法
	5～15	土层在高水位以上		利用挤密或震动使深层土密实，并在振动或挤密过程中，回填砂、砾石、碎石、土、灰土、二灰或石灰等，形成砂桩、碎石桩、土桩、灰土桩、二灰桩或石灰桩，与桩间土一起组成复合基础，从而提高地基承载力，减小沉降，消除或部分消除图的湿陷性或液化性	挤密法

	厚度/m	水位	处 理 意 见	换填方法
淤泥、淤泥质土、膨胀土、素填土、杂填土	0～3	不检查	将天然软弱土层挖去或部分挖去，分层回填强度较高、压缩性较低且无腐蚀性的材料，压或夯实后作为地基持力层。提高基础底面以下地基浅层的承载力，减少沉降量，加速地基的排水固接，防止冻胀，消除地基的湿陷性和胀缩性	换填法
淤泥、淤泥质土、冲填土，饱和黏性土、泥炭土	>3	土层在低水位以内	通过布置垂直排水井，改善低级的排水条件，及采取加压、抽水和电渗等措施，以加速地基土的固结和强度增长，提高地基土的稳定性，并使沉降提前完成	排水预压法
碎石土、砂土、素填土、杂填土、低饱和度的粉土黏性土	0～5	土层在高水位以上	利用强大的夯击能，迫使深层土液化和动力固结，使土体密实，用以提高地基承载力，减小沉降，消除土的湿陷性、胀缩性和液化性	强夯法
	5～10	土层在高水位以上	利用挤密或振动使深层土密实，并在振动或挤密过程中，回填砂、砾石、碎石、土、灰土、二灰或石灰等，形成砂桩、碎石桩、土桩、灰土桩、二灰桩或石灰桩，与桩间土一起组成复合基础，从而提高地基承载力，减小沉降，消除或部分消除图的湿陷性或液化性	挤密法
饱和净砂、砂、粉土	—	土层在低水位以内	由于振动而使土体产生液化和变形，从而达到较大密实度，以提高地基承载力和减小沉降	爆破法
岩石土壤、风化岩	—	—	通过注入水泥浆液或化学浆液的措施，使土粒胶结，用以提高地基承载力，减小沉降，增加稳定性，防止渗漏	胶结法-注浆法

接下来使用 K-均值聚类算法利用初始数据及聚合点，对以后再次进行计算、推荐的地基处理方法进行学习、聚类、输出，形成一个闭环的学习过程。随着数据输入输出的增加，地基处理案例的丰富，最终将形成一个以地区土壤条件为特色的地基处理库及推荐方案。

第五节　建　筑　物

建筑物是变电站重要建筑，建筑物设计涉及变电站建设质量，可以从建筑物主题设计、建筑设施设计、房间装修等方面进行分析和设计。

一、建筑主体设计

变电站建筑设计除应满足电气设备、人员运行要求外，尚应符合规划包括环境与景观、环保、节能等方面的要求及现行国家标准的有关规定。

建筑主体，是指建筑实体的结构构造，包括屋盖、楼盖、梁、柱、支撑、墙体、连接接点和基础等。建筑宜根据建筑物的重要性、安全等级、抗震设防烈度、场地类别、建筑层数等设计条件采用钢筋混凝土结构、砌体结构、钢结构等结构型式。

利用 Revit 内置的参数化驱动机制，实现建筑主体快速建模，对于部分与其他构件具有联系的三维模型能实现数据关联，并具备参数化调整能力。

同时，支持自由截取建筑物各方向的任意位置来生成完整的平、立、剖面图、大样图、门窗表等，真实体现建筑各个构件的空间位置都能够准确定位和再现，为各个专业的协同设计提供了基础数据，设计人员可以在虚拟建筑内，各个位置进行细部尺寸的观察，方便进行图纸检查和修改，从而提高图纸的质量。建筑物某个位置图，如图 6-5 所示。

图 6-5　建筑物某个位置图

墙体是建筑中最核心的构件，因此可以实现墙角的自动修剪等许多智能特性。其中，基本数据包括几何、物理、构造这三种数据，几何数据主要指的是相关的几何尺寸，例如墙的高度、厚度等尺寸、所在位置的坐标等；绘制墙体上时，墙体连接处自动生成，并且在移动一段墙体时，与之相连的墙体会跟着一起变化，墙体相交时，会自动进行打断。多段墙闭合的区域，软件会自动默认为房间，可对房间进行自动统计，计算出每个房间的面积。当自由截取建构筑物各方向的任意截面来生成完整的平面图、立体图、剖面图及大样图等。

门窗是建筑的核心构件之一。门窗的设置、尺寸、功能和质量等应符合使用和节能要求，并可实现门窗和墙体之间的智能联动，门窗插入后在墙体上自动按门窗轮廓形状开洞，删除门窗后墙洞自动闭合，这个过程中墙体的外观几何尺寸不变，但墙体对象的相关数据诸如粉刷面积、开洞面积等随门窗的建立和删除而更新。

二、建筑设施设计

实现常用设施三维族模型与二维符号族库，同时，对于规则明确，布置繁琐的操作，提供便捷工具，并支持参数建模，三维模型如台阶、坡道、雨篷、散水、楼梯等构件。

参数化建模技术是通过数据来控制模型尺寸与模型信息的一种技术。参数有两个含义：一是提供设计对象的附加信息，参数和模型一起存储，参数可以标明不同模型的属性；二是配合关系的使用来创建参数化模型，通过修改参数的数值来变更模型的尺寸大小。

参数化建模主要特征是采用尺寸驱动，所谓尺寸驱动就是以模型的尺寸决定模型的形状，一个模型由一组具有一定相互关系的尺寸进行定义，用户通过修改尺寸而实现对模型的修改，生成形状相同但规格不同的零部件模型系列。二维族库满足国家建筑制图标准规定要求，包括截断线、做法引注、引出文字标注、节点索引、多种标高符号、指北针等。

坡道、台阶、散水、雨棚等建筑设施，在建筑物外墙生成对应的模型，模型采用参数化建模方式，通过界面参数，控制模型尺寸，一键生成对应的模型。设施设计参数图如图6-6所示。

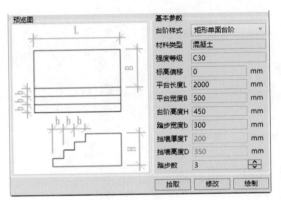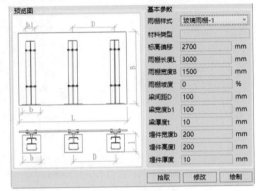

图6-6　设施设计参数图

楼梯设计时，楼梯的数量、位置、宽带和楼梯间型式应满足使用方便和安全疏散的要求，其中楼梯间尽量采用自然通风与采光，并宜靠外墙设置。模型采用参数化建模方式，通过界面参数，控制模型尺寸，布置时，采用绘制起终点路径方式生成；支持单跑楼梯和双跑楼梯的生成。楼梯设计参数图如图6-7所示。

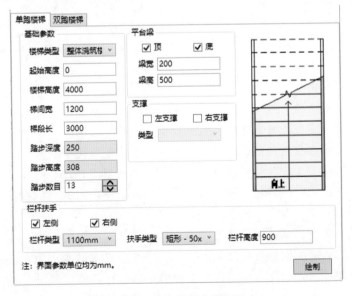

图6-7　楼梯设计参数图

三、房间装饰

房间装饰，基于完成三维主体框架模型，一键生成房间内墙面、天棚、踢脚、地面砖等模型，实现模型的精细化设计，减少设计人员建模时间，提高工程量统计的准确性。完成楼地面、内墙面、顶棚、踢脚线、备注等信息在内的房间装修一览表。房间参数图，如图6-8所示。

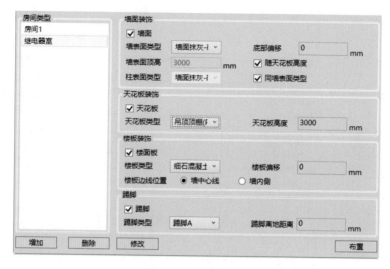

图6-8 房间参数图

第六节 构 支 架

一、构架设计

构架结构按材料分为钢结构和钢筋混凝土结构；按结构型式分为格构式、单管A字形及单管I字形等型式。

构架作为连接站内引下线、站外引出线的主要设备之一，应根据其高度、电压等级、加工制作水平、运输条件、施工条件以及当地气候条件，结合电气布置方案选用合适的结构型式，应实现构架模型的参数建模，根据模型尺寸等参数信息自动生成三维模型。

自带国际通用标准型钢截面库，可以参数化的创建变电构架模型，包括人字柱、三角梁、矩形梁、矩形柱等参数化构件模型；可将模型输出到STAAD Pro、Midas、3D3S里面进行力学分析；反之，也可将STAAD Pro、Midas、3D3S的力学计算模型再导回到软件中，实现力学计算模型与实体出图模型的双向互导。

各类构架的参数化建模，根据构架柱的根开、高度、构架梁跨度、接线点等信息自动生成构架三维模型。各类构架参数图如图6-9，收口三角梁效果图图6-10所示。

同时支持方案存储，不同电压等级构架模型可以进行存储，引用方案时，直接使用内置存储模型，需参数调整时，可以进行编辑或创建新的样式。

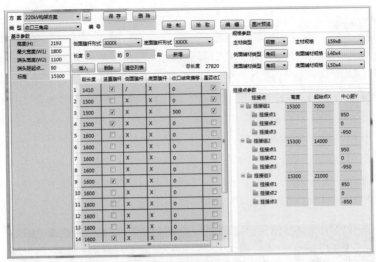

图 6-9　各类构架参数图

二、支架设计

支架结构按材料分为钢结构、钢筋或钢管混凝土结构。按结构型式分为单钢管和格构式。

支架设计，应根据接线点位置可以调整支架主体高度，采用参数化建模方式，根据界面设置参数完成模型的建立和出图，包含支架柱底、支架柱体、双柱槽钢支架、T型支架、π型支架、格构式支架等，根据钢管管径、壁厚、柱头等参数信息自动生成三维模型。支架设计参数及支架效果如图6-11、图6-12所示。

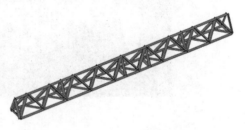

图 6-10　收口三角梁效果图

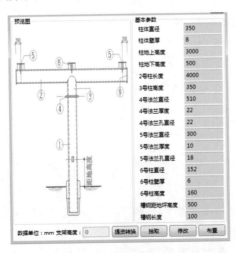

图 6-11　支架设计参数图

图 6-12　支架效果图

三、数据对接

数据来源是多样化的，针对不同的文件格式提供转换服务，转换成统一的结构化存储格式，主要包括几何信息、数据信息、拓扑关系等。应与常用结构设计软件（包括 PKPM、Staad Pro、Midas、3D3S、YJK 等）数据接口。钢构件模型软件采用本身功能进行绘制，创建的构支架模型，可以导出到钢结构计算软件中进行钢结构的计算分析，计算结果也可以导回到三维模型中，用于碰撞检查。混凝土构件模型软件采用本身功能进行绘制，承重、配筋等计算实现与结构计算软件（PKPM、盈建科）进行对接，可以把 Revit 模型文件导入到结构计算软件中完成校核计算，并将计算模型、配筋等信息反馈到 Revit 中，实现在 Revit 中完成相关图纸出图，从而提高设计质量。数据对接流程图如图 6-13 所示。

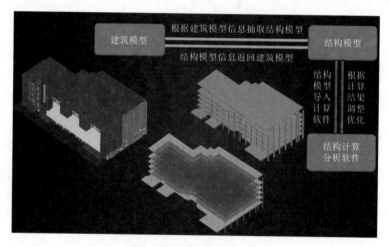

图 6-13　数据对接流程图

提供与现有钢结构设计软件 Staad Pro 的接口，实现钢结构构架的正向设计：读取电气的三维布置信息，自动获取构架跨度及高度、导线位置及拉力等信息，进行构架的参数化建模，建立构架三维模型，补充结构计算参数完成与 Staad Pro 约定的计算数据交互文件，并导出至 Staad Pro 进行结构受力计算。在 Staad Pro 中根据计算结果调整结构布置或杆件截面，更新三维模型信息进行协同迭代，生成最终的三维模型及计算结果，最终计算结果以约定的计算数据交互文件导入平台，在平台中生成具有受力信息属性的钢结构模型。

第七节　构　筑　物

一、站区设施模型坑槽土方计算

基坑开挖时，围护结构的水平位移或开挖面土坡的滑移不仅与场地、地质条件、基坑平面、周边环境等有关，同时还与开挖面应力释放速率有关，故强调分层开挖。基坑内的局部深坑可综合考虑其深度、平面位置、支护形式等因素确定开挖方法，局部深坑邻近基坑边时，为有效控制围护墙或边坡的稳定，可视局部深坑开挖深度、周边环境保护要求、支护设计、场地条件等因素确定开挖的顺序和时间。

　　实现基于变电站站区基础、沟道、管道设施，提取站区模型进行分析，通过模型轮廓、起、终点绘制路径、坡度、底标高等，计算出站区基础、沟道、水工管道等模型的挖填方工程量。当计算挖填方构件工程量时，可以对放坡系数、室外地坪高度、地下水位标高、挖方外延尺寸等参数信息的设置，保证计算结果的准确性，同时也考虑施工方式不同，支持单个构件挖填方，也支持多个构件大开挖计算，站区模型土方计算图如图 6-14 所示，土壤及岩石（普式）分类表见表 6-11。

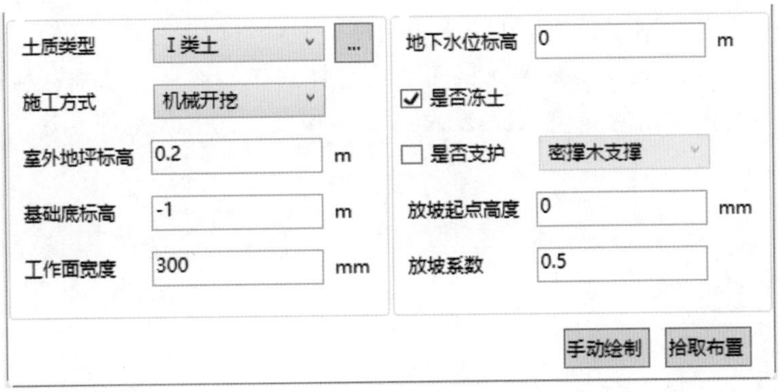

图 6-14　站区模型土方计算图

表 6-11　　　　　　　　　土壤及岩石（普氏）分类表

定额分类	普氏分类	土壤及岩石名称	天然温度下平均容重/（kg/m³)	极限压碎强度/MPa	用轻钻孔机钻进 1m 耗时/min	开挖方法及工具	坚固系数
一类土壤	I	砂	1500			用尖锹	0.5～0.6
		砂壤土	1600			开挖	
		腐殖土	1200				
		泥炭	600				
二类土壤	II	轻壤土和黄土类土	1600			用尖锹开挖并少数用镐开挖	0.6～0.8
		潮湿雨松散的黄土，软的盐渍土和碱土	1600				
		平均 15mm 以内的松散面软的砾石	1700				
		含有草根的密实腐殖土	1400				
		含有直径在 30mm 以内根尖的泥炭和腐殖土	1100				
		掺有卵石、碎石和石屑的砂和腐殖土	1650				
		含有卵石或碎石杂质的胶结成块的填土	1750				
		含有卵石、碎石和建筑料杂质的砂壤土	1900				

二、围护结构设计

围护结构设计，应结合地形、节约用地和便于安全保卫的原则进行设计，通过建立参数化三维模型，实现站内围墙、电子围栏、挡土墙的建模和出图。

位于市区、城镇以外的一般变电站站区围墙，宜采用不低于 2.3m 高的实体围墙。站区砌体围墙应设变形缝。

围墙根据变电站常用样式，支持装配式围墙、砖砌式围墙 2 种类型，基于绘制线方式，进行起终点路径绘制，完成后生成对应模型，起终点位置自动生成柱子，同时也可以设置伸缩缝，可自行增减并设置不同材质的典型样式，如墙体、基础、结构柱材质（砖砌、混凝土、钢筋混凝土等）、垫层厚度及材质（碎石、三七灰土等）等。具体参数及效果图，如图 6-15、图 6-16 所示。

图 6-15　砌体围墙

图 6-16　气体围墙效果图

电子围栏设计，变电站围墙上部防护网，基于绘制线方式，进行起终点路径绘制，支持参数化模型编辑，同时支持拾取围墙自动生成电子围栏。设计参数及效果图如图 6-17、图 6-18 所示。

挡土墙设计，站区不能自然稳定放坡时应设置挡土结构，挡土墙按受力和材料一般可分为重力式挡土墙和钢筋混凝土挡土墙两大类，其中重力式挡土墙可分为仰斜式、俯斜式和垂直式三种，钢筋混凝土挡土墙有悬臂式、扶壁式等。

挡土墙应根据实际情况设计墙顶、墙背和墙基脚排水系统。支持对应样式的挡墙参数化的编辑，采用基于绘制线方式，进行起终点路径绘制，转弯处自动生成接头；设计参数及效果图如图 6-19、图 6-20 所示。

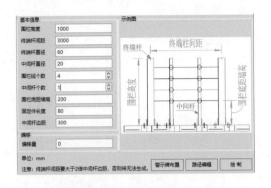

图 6-17 电子围栏设计参数图

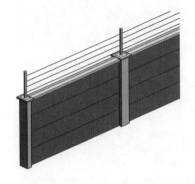

图 6-18 电子围栏效果图

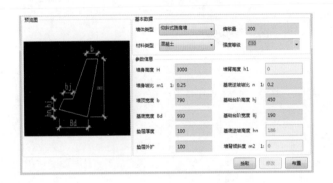

图 6-19 挡土墙设计参数图

图 6-20 挡土墙设计效果图

三、沟道设计

站区沟道设计用于站区电缆排布、场地排水等通道设计模块，宜采用参数化建模方式，可快速生成沟体，提供设置不同样式的典型断面、相关标高和坡度调整、模型交叉或转角处细部处理并可以在过路处电缆沟形式进行细部设置和排水点设置等。

电缆沟设计，沟底部应设置纵、横向排水坡度，其纵向排水坡度不宜小于 0.5%；有困难时不应小于 0.3%；横向排水坡度一般为 1.5%～2%，并在沟道内有利排水的地点及最低点设集水坑和排水引出管。

模型包含（底板、侧壁、盖板、支架等构件），可设置不同样式的典型断面，连接处自动生成弯头、三通、四通等接头样式，电缆沟与其他模型交叉时，可以避让处理。

支持对沟体标高、与地坪高差和坡度的参数设定，实现电缆沟随地形坡度可进行时时调整。设计参数及效果图如图 6-21、图 6-22 所示。

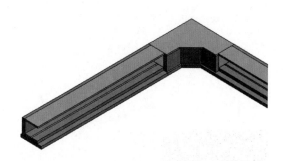

土建			✕
绘制	拾取	修改	
沟体类型	1000x1200	⌄	
构建场地	室内	⌄	
沟型	单沟	⌄	
⌃ 高程参数			
与地坪高程差	100		
起点底部标高	-1100		
终点底部标高	-1200		
⌃ 沟体参数			
电缆沟宽	1000		
电缆沟深	1200		
沟体材料	混凝土	⌄	
接地材料	扁钢:40x4	⌄	
⌃ 盖板参数			
盖板材料	钢	⌄	
盖板规格	1000x500	⌄	
盖板厚度	100		
⌃ 沟壁参数			
沟壁厚度	150		
⌃ 沟底参数			
底壁厚度	100		
底板厚度	100		
底板宽度	1500		

图 6-21　沟道设计参数图　　　　　　图 6-22　沟道设计效果图

第八节　土　建　计　算

一、承载力计算

基于《建筑地基基础设计规范》（GB 50007—2011）的相关要求，对构、支架相关基础进行承载力验算，提供轴心荷载与偏心荷载两种验算方法，满足不同种类基础，同时可根据模型轮廓信息自动识别构件几何尺寸信息，通过设置承载力特征值、修正系数、容重等参数，自动计算出平均压力值，完成计算结果与规范地基承载力特征值进行对比，并给出相关结论。承载力的修正系数和压力系数见表 6-12 和表 6-13，计算示意图如图 6-23 所示。

表 6-12　　　　　　　　　　　　承 载 力 修 正 系 数

土 的 类 别		η_b	η_d
淤泥和淤泥质土		0	1.0
人工填土 e 或 I_L 大于等于 0.85 的黏性土		0	1.0
红黏土	含水比 $a_w > 0.8$	0	1.2
	含水比 $a_w < 0.8$	0.15	1.4

土 的 类 别		η_b	η_d
大面积压 实填土	压实系数大于 0.95、黏粒含量 $p_c \geqslant 10\%$ 的粉土	0	1.5
	最大干密度大于 2100kg/m³ 的级配砂石	0	2.0
粉土	黏粒含量 $p_c > 10\%$ 的粉土	0.3	1.5
	黏粒含量 $p_c < 10\%$ 的粉土	0.5	2.0
e 及 I_L 均小于 0.85 的黏性土		0.3	1.6
粉碎、细碎（不包括很湿与饱和时的稍密状态）		2.0	3.0
中砂、粗砂、砾砂和碎石土		3.0	4.4

表 6-13　　　　　　　　　承载力压力系数 M_b、M_d、M_c

土的内摩擦角标准值 $\varphi_k/(°)$	M_b	M_d	M_c
0	0	1.00	3.14
2	0.03	1.12	3.32
4	0.06	1.25	3.51
6	0.10	1.39	3.71
8	0.14	1.55	3.93
10	0.18	1.73	4.17
12	0.23	1.94	4.42
14	0.29	2.17	4.69
16	0.36	2.43	5.00
18	0.43	2.72	5.31
20	0.51	3.06	5.66
22	0.61	3.44	6.04
24	0.80	3.87	6.45
26	1.10	4.37	6.90
28	1.40	4.93	7.40
30	1.90	5.59	7.95
32	2.60	6.35	8.55
34	3.40	7.21	9.22
36	4.20	8.25	9.97
38	5.00	9.44	10.80
40	5.80	10.84	11.73

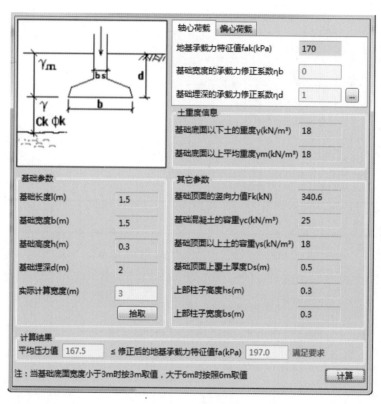

图6-23 计算示意图

二、地基沉降计算

基于《建筑地基基础设计规范》(GB 50007—2011)的相关要求,对建筑物的地基变

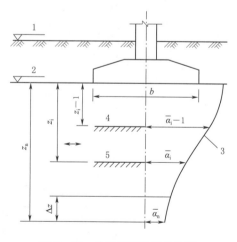

图6-24 地基沉降计算示意图
1—天然地面标高;2—基底标高;3—平均附加
应力曲线——α曲线;4—i-1层;5—i层

形进行计算,变形特征可分为沉降量、沉降差、倾斜、局部倾斜(图6.24),应符合以下规定:

(1)由于建筑地基不均匀、荷载差异很大、体型复杂等因素引起的地基变形,对于砌体承重结构应由局部倾斜值控制。

(2)实现针对变电站框架结构和单层排架结构计算相关沉降差,通过设置地质分层信息、沉降计算经验系数、变形计算深度和基底附加压力,计算出每层沉降值,累加后与规范建筑物地基变形允许值进行比对,为设计人员设计提供依据。

建筑物的地基变形允许值见表6-14,计算效果图如图6-25所示。

图 6-25 计算效果图

表 6-14 建筑物地基变形允许值

变 形 特 征		地基土类别	
		中、低压缩性土	高压缩性土
砌体承重结构基础的局部倾斜		0.002	0.003
工业与民用建筑相邻柱基的沉降差	框架结构	0.0021	0.0031
	砌体墙填充的边排柱	0.00071	0.0011
	当基础不均匀沉降时不产生附加应力的结构	0.0051	0.0051
层排架结构（柱距为 6m）柱基的沉降量/mm		(120)	200
桥式吊车轨面的倾斜（按不调整轨道考虑）	纵向	0.004	
	横向	0.003	
多层和高层建筑的整体倾斜	$H_g \leqslant 24$	0.004	
	$24 < H_g \leqslant 60$	0.003	
	$60 < H_g \leqslant 100$	0.0025	
	$H_g > 100$	0.002	
体型简单的高层建筑基础的平均沉降量/mm		200	

续表

变　形　特　征		地基土类别	
		中、低压缩性土	高压缩性土
高耸结构基础的倾斜	$H_g \leqslant 20$	0.008	
	$20 < H_g \leqslant 50$	0.006	
	$50 < H_g \leqslant 100$	0.005	
	$100 < H_g \leqslant 150$	0.004	
	$150 < H_g \leqslant 200$	0.003	
	$200 < H_g \leqslant 250$	0.002	
高耸结构基础的沉降量/mm	$H_g \leqslant 100$	400	
	$100 < H_g \leqslant 200$	300	
	$200 < H_g \leqslant 250$	200	

三、冷热负荷、通风量计算

基于《民用建筑供暖通风与空气调节设计规范》（GB 50736—2012）、《火力发电厂与变电站设计防火规范》（GB 50229—2019）等专业规范和设计标准，整理形成了全国气象参数库、变电站各房间室内环境设计参数库，并在此基础上实现基于三维模型进行冷、热负荷、通风量计算。冷热负荷、通风量计算示意图，如图 6-26 所示。

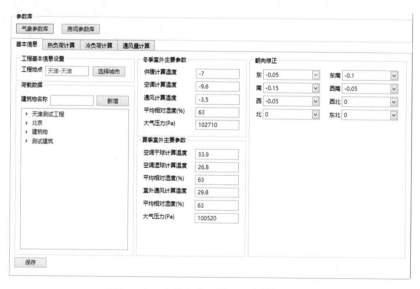

图 6-26　冷热负荷、通风量计算示意图

（1）城市选择。根据计算项目的工程所在位置，选择对应城市的气象参数信息。气象参数数据库是依照《民用建筑供暖通风与空气调节设计规范》（GB 50736—2012）所录入，数据信息可进行调整。城市选择操作图，如图 6-27 所示。

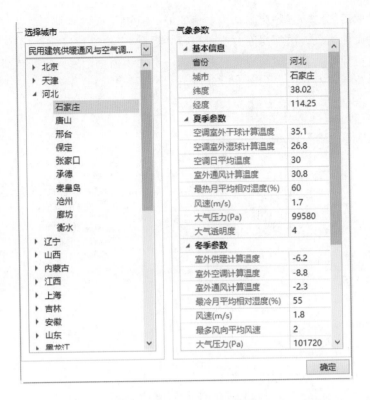

图 6-27 城市选择操作图

（2）热负荷计算。根据所选数据与手动输入信息，自动计算所选房间的负荷信息。热负荷计算参数图，如图 6-28 所示。

图 6-28 热负荷计算参数图

支持在拾取房间时，程序会自动提取房间的"面积"与"体积"信息。点击不同房间时，切换右侧属性信息。添加房间右键可进行"重命名""添加房间""删除"等操作。

（3）冷负荷计算。计算房间冷负荷数值，以房间为依据，输入房间负荷估算指标，进行计算。冷负荷计算参数图，如图 6-29 所示。

图 6-29 冷负荷计算参数图

（4）房间用途。选择房间参数库中所列房间名称针对其房间参数库中房间类型进行修改。房间用途参数图，如图 6-30 所示。

图 6-30 房间用途参数图

（5）通风量计算。计算房间通风量数值，以房间为依据，输入房间发热量、换气次数，进行自动计算。通风量计算图，如图 6-31 所示。

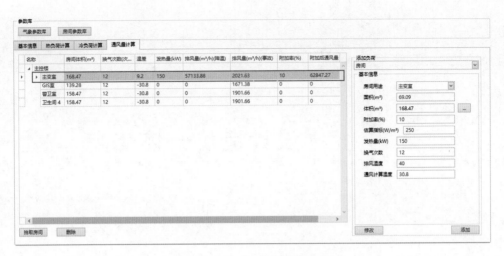

图 6-31 通风量计算图

设计造价一体化 第七章

电网是关系国计民生的基础性产业，随着经济社会发展，对社会的影响力和受公众的关注程度也在不断提高。特高压、智能电网等电网工程大规模建设，电网投资逐年迅速增加，对加强电网工程建设和造价管理、合理控制工程投资、提高电网建设效益等提出了更高要求。投资管理是建设工程项目管理工作的核心和灵魂，是各类管理工作数据联动的纽带。迫切需要开展造价管理领域的技术创新，不断提高工程造价管理水平，加强造价管理对其他管理专业的正向影响，利用造价管理的量化能力做好事前控制，提升风险防范能力，确保电网建设平稳较快发展。

随着经济社会和工程技术的飞速发展，新技术、新材料、新工艺、新设备在工程项目中不断涌现。不断扩大的社会需求对电网工程建设的要求越来越高。这些都反应到建设工程造价管理和工程量计算上，科学严谨的工程量是造价合理确定的前提，是工程实施必不可少的依据，是有效控制投资的根本。

造价管理贯穿工程项目规划设计、建设、运维等全过程，打通技术与造价环节，形成一体化，实现完全匹配，必将推动工程项目管理精细化和增值价值，电网高质量建设运行提供坚强支撑。

第一节 目 的 与 意 义

一、建设现状

目前，工程项目管理中没有实现设计与造价无缝衔接，存在以下问题：

（1）三维设计持续推进，技经与设计存在数据断层问题。随着现代科学水平的不断提升，输变电工程设计业务与信息化手段的融合程度日益增加，以输变电工程三维设计为核心的数字化技术，将成为贯穿工程全过程、全生命周期的主轴线。

目前，35kV 及以上扩建、改建、新建输变电工程已基本具备三维设计、三维评审、三维移交条件，成果已开始在评审、施工、智慧工地等方面应用。但是，对于技经专业而言，设计专业提供的三维移交数据还无法进行复用，仍然采用传统二维图纸和设计提资方式进行工程概预算和工程量清单的编制，造成移交数据成果断层的问题。同时，无法利用 GIM 数据成果中的模型和属性进行工程量的统计和定额的匹配，造成电网数据资源的浪费。为实现将来输变电工程三维全生命周期，三维设计成果作为数据基础，必须在全生命周期中的各个环节进行应用，使技经专业贯穿工程全生命周期。如果技经人员利用三维设计数据，根据移交的设计模型和设计属性，快速得到清单工程量和概预算的自动组价，将使数据更加高效精准。目前，工程造价编制工作更多是依赖技经人员的经验，缺乏集设计、造价业务流程与数据口径相同的数字化处理方式。因此，亟需利用计算机技术与电网建设工程进行深度结合，将输变电工程设计数据转换为造价数据，实现全生命周期中的设计技经一体化，填补输变电工程中三维造价应用的空缺。

（2）概预算、清单的工程量缺乏智能准确的计量方式。传统造价编制过程中存在工程量计算困难、人工组价调费容易出错、造价数据无法追溯和编制结果难以共享应用等问题。工程概预算在工程建设过程中，根据不同设计阶段的设计文件具体内容和有关定额、指标及取费标准，预先计算和确定建设项目的全部工程费用的技术经济文件，包括设计概算、修正概算、施工图预算、施工预算，涉及工程建设的整个周期。因此，统一口径的数据来源、精准的计算方式与多环节间使用时良好的协调是保障概预算工程量准确性的重要条件，而逐渐完善的三维设计建模规范和移交导则为统一设计数据口径提供了有力支持，为设计技经一体化提供了良性的环境。

目前，国家电网有限公司提出积极推进输变电工程三维应用和挖掘三维设计成果的应用成效，利用以三维图形为主、构件为导向、建筑物为参考的科学方式，进行输变电工程三维模型工程量的计算，通过计算机生成的工程量更为准确，同时也可以进行灵活修改，为电网工程建设提供了可借鉴的经验。在上述技术与理论的支撑下，考虑到工程设计和造价无论是在数据关联还是业务流程方面的相辅相成特性，探索两者间的智能转换机制将成为趋势。因此，随着三维设计和 BIM 技术在电网领域逐步推广应用，基于国网 GIM 标准的设计技经一体化平台，实现电网造价智能准确的自动编制成为可能。

（3）传统二维造价编制方式已无法适应数字化趋势。现阶段电网工程三维设计成果在造价阶段的应用并未开展，最终造价成果编制需要有经验的技经人员手工完成。技经专业一般依靠设计提资表的方式完成大部分提量工作，其中变电土建专业工程量计算难度高、计算量大，主要依靠手工完成工程量计算。工程量统计后，需要技经人员在造价和清单软件中手工录入工程量，并根据工程图纸中的施工做法、工程相关信息套取清单、定额项。口号在电网工程数字化建设过程中，根据不同的业务需求逐渐形成了大量"孤岛"，各系统之间缺乏统一的数据交互规范和接口标准，系统间产生"数据孤岛"效应，限制了电网工程数字化建设，也制约了海量电网工程数据的价值挖掘，已无法适应国网数字化的趋势。

正是由于电网工程中各环节仅仅依靠人力难以及时准确沟通，因此有必要依托现代数字化技术推进电网工程与计算机的系统化交互，打通设计技术与造价通道，实现输变电工程中的三维设计、造价与现场多环节以数字化的方式相通，改变传统的二维造价编制方式，适应电网数字化发展。

二、建设意义

基于国网 GIM 标准输变电工程三维设计移交数据的设计技经一体化平台，通过复用三维设计成果完成识别转换、工程造价自动编制。

目前，国家电网有限公司已明确提出输变电工程开展数字化三维设计，并作为电网工程全寿命周期的起始阶段，因此对电网工程数字化基础数据的积累具有重大意义。在设计阶段所产生的电网工程三维设计成果，一旦实现与造价数据的无缝对接，可以在工程建设全生命周期的造价智能管理中发挥巨大价值。

基于对三维设计成果数据的分析，进行设计成果与造价数据的转换，设计技经一体化相关内容的研究，其意义主要体现在以下方面：

（1）基于三维设计的输变电工程设计技经一体化的研究不仅可以为三维设计模型与造价专业的数据贯通提供对接方案、相关数据标准规范和接口方案，避免设计数据及成果的浪费，还可以提高输变电工程概预算、工程清单编制的准确度，提高技经人员的工作质量和工作效率。

（2）三维设计模型与造价模型数据交互标准的完成可以实现设计和技经专业间数据的无缝对接，减少信息的重复输入，避免信息的缺失，提高信息的集成度，保证设计数据的完整性、一致性、准确性，为设计数据面向三维应用创造更大的可能。

（3）移交的三维数据与造价数据间的完整转换，可以实现工程量智能提取、输入全程软件化，并根据数据间的链接关系，赋予三维造价成果具有标准化、结构化的特点，进一步为智能变更、施工阶段动态造价管理、工程造价分析、立项辅助决策提供精准数据服务，充分发挥造价数据在项目管理中的应用价值，为后期造价全过程管理提供支撑。

（4）三维造价可视化应用，可以让技经人员以三维的方式浏览设计模型，实现与模型相关的设计数据和技经数据的查看，实现设计模型量价的可视化查看，提升技经专业的科技性和创新性。

三、效益分析

（1）直接效益。针对电网工程造价编制现状，通过利用电网设计阶段形成的三维设计成果，实现设计数据到技经数据的无损转化，实现工程量的自动计算和多维度统计，解决了设计提资信息分散和数据非结构化的问题，降低设计和技经专业间配合的难度，避免了电网工程造价编制工作中的"信息孤岛"，改变了造价专业改动工作量大的现状，节约算量和造价编制工作的成本，形成新型的三维可视化造价工作思路，利用提供的标准工程数据的传输和共享，确保数据的一致性和信息传递的及时性，进而实现造价编制时自动套项、快速组价以及辅助对比等。基于输变电工程设计技经一体化，实现电网建设从设计到造价过程的智能数据共享是电网项目提质增效的有效手段，辅助技经人员提高工作质量，提升工作效率。

（2）间接效益。通过设计造价一体化平台的建设，将传统的二维造价模式转换为三维造价模式，不仅可以实现三维造价可视化应用，基于当前的造价数据，还可对概预算造价和实施阶段的合同价款、进度款审核、设计变更、现场签证等数据的全口径管理，更大的发挥三算对比的管理价值，更好的掌握和评价项目管理效果，实现一体化设计、造价、施工管理体系，达到基于三维模型智能造价及管控的目的，积极探索三维成果的应用，提高输变电工程项目整体管理技术水平，提升公司形象。

第二节　目　标　原　则

一、实现目标

以数字化三维为技术手段、三维设计成果和数字化造价模型为数据核心、电力建设工程造价管理为业务方向，打造变电工程三维全生命周期的造价体系，为电力工程建设各阶段提供设计－造价管理服务，结合 BIM 三维理念和云服务技术进行协同作业，导入三维设计成果，结合三维提资数据和计算规则实现工程量自动统计和智能组价，快速生成造价编制成果。具体目标如下：

（1）输出基于变电工程三维设计模型的造价数据算量规则及三维设计模型无损转换方法，形成造价结构化数据的规范格式，总结基于设计模型的技经数据算量内容，为通用造价模板管理及工程造价自动编制平台的构建提供技术方案。通过识别构件属性信息，辅助完成概预算等编制工作，在技经专业实现三维直观量价数据展示。

（2）完成变电工程系统搭建，实现概预算定额智能套用、费用模板自动应用、工程量自动统计、项目划分自动匹配、资源信息价管理、造价编制成果的自动输出，并形成三维造价模式。

（3）基于 Web 端协同方式，实现数字化协同的造价编制方式。

（4）满足当前环境下常规造价编制的需求，实现常规造价的概预算、清单、招投标限价的手动编制。

二、总体原则

（1）规范三维设计成果转换为三维造价成果标准。不改变变电工程三维设计成果数据结构，按照国网发布的《输变电工程三维设计模型交互规范》（Q/GDW 11809—2018）、《输变电工程数字化移交技术导则　第 1 部分：变电站（换流站）》（Q/GDW 11812.1—2018）等要求的 GIM 数据格式，进行三维设计成果与三维造价数据间的转换，保证三维设计数据的规范性的同时，满足设计技经一体化的要求。

（2）实现智能组价和算量的可靠性、灵活性、高效性。通过三维设计模型，实现工程量数据提取，保证其数据的准确性，通过三维模型属性，实现子项的智能组价，并可根据使用人员要求，进行单项和多项数据的录入和修改，满足技经专业人员的编制要求，快速生成概预算等造价成果。

（3）提升三维设计水平和技术先进性。推进国网三维全生命周期数字化进程，广泛开展输变电工程设计技经一体化试点和成熟实践案例的借鉴工作，确保各项工作具有一定技术先进性和行业引领性，为一线赋能，促进三维技能水平的提升。

第三节　专　业　要　求

一、设计专业

变电工程三维设计成果满足各阶段三维移交要求，并且需要将变电站工程中的电气和土建模型及输电线路工程的电气和结构模型进行属性的赋予。以变电站工程为例，其中电气模型可按照现有方式进行绘制，电气模型属性按照三维建模规范进行完善，土建模型不仅需要满足三维建模规范的相关要求，还需要将现有二维设计提资中的各项属性赋予土建模型，优化三维设计数据成果，按照深于 GIM 的标准进行属性赋值，同时将三维设计成果中未绘制的部分采用附加材料的方式进行提资（将原有二维提资方式转换为三维提资方式），不仅可以实现设计技经一体化，还将为后期的三维应用、三维施工提供有利的数据支撑。

二、技经专业

技经专业原有工作方式不改变的同时，将二维造价模式转换为三维造价模式，通过提取三维模型中所需造价信息的方法以及与技经专业的交互方式，技经人员可以直接获取设计提供的三维设计成果，仅简单的改变软件操作方式，将二维量价信息转换为三维量价信息，根据项目划分和三维设计系统树结构进行自动的准确匹配，获取项目工程量和智能组价，辅助技经人员完成概预算等造价成果，实现变电站工程设计造价一体化，包括三维设计成果转换对接、自动化算量与套定额、造价、技经报表输出，同时也可采用常规模式进行概预算、清单、招投标限价的手动编制。

第四节　技　术　方　案

一、业务流程

本方案以数字化设计成果为基础，开展变电工程设计技经一体化平台的研发。变电工程设计技经一体化平台通过复用三维设计数据，按定额预规要求完成数字化造价编制。根据变电工程各阶段造价编制业务需求的不同，实现概预算与数字化设计成果间一键对接，实现概预算造价成果自动编制和报表的自动生成，并支持造价数据的三维可视化展示。设计造价一体化流程图，如图 7-1 所示。

二、技术架构

设计造价一体化系统使用 B/S 模式，在逻辑上把整个系统划分为网络服务层、基础平台层、数据

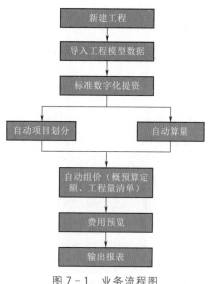

图 7-1　业务流程图

层、业务逻辑层及展现层，其技术架构如图 7-2 所示。

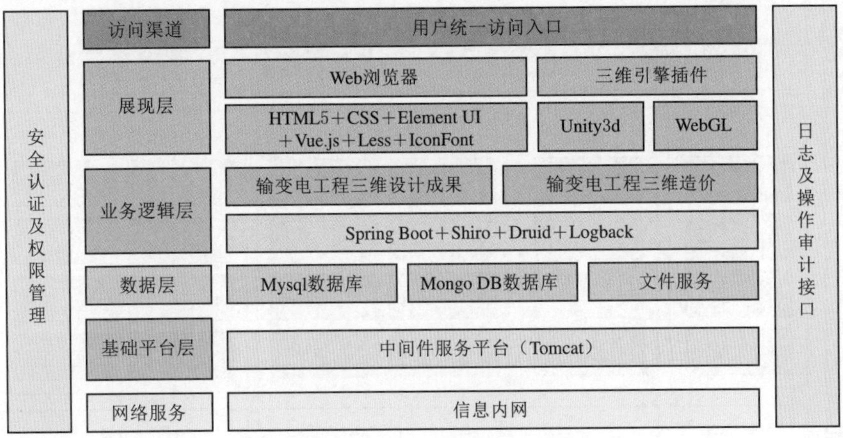

图 7-2　技术架构图

（1）网络服务。提供基于信息内网的网络服务，为服务器与终端的通讯、数据和信息的传递提供基础服务。

（2）基础平台层。基于云平台进行部署，采用云平台的虚拟服务器资源。

（3）数据层。主要采用关系型数据库 Mysql、非关系型数据库 Mongo DB 以及文件存储服务作为数据的存储媒介。

（4）业务逻辑层。应用 Spring Boot 技术，采用 Spring MVC 实现输变电工程三维造价及电网工程建设现场数字化管理系统的业务逻辑，应用 Shiro 实现安全认证及权限管理；采用 Logback 实现日志管理。

（5）展现层。应用 HTML5＋CSS＋Element UI＋Vue.js 技术构建 Web 页面；对通用的组件（页面控件）进行封装；CSS、Java Script 和图片通过静态资源统一管理；应用路由管理和状态管理来管理请求及页面状态；统一封装与后台交互的接口，便于调试及维护；将三维引擎插件嵌到网页上用于三维渲染展示。

（6）访问渠道通过用户统一访问入口登录进入。

三、应用架构

平台按应用层、服务层、数据层、网络层的服务架构进行实现，切分为设计和造价两个领域，复用三维设计成果，为变电工程设计技经一体化平台提供数据支撑。

为满足针对于不同阶段的造价编制业务场景需求，以及设计技经一体化对数字化造价数据的需求，实现变电工程数字化设计成果无损对接、数字化造价自动编制、造价数字化信息多维度分析等功能模块。其中，数字化设计成果一键对接模块包括取费模板管理、设计提资。变电工程、线路工程应用架构图，如图 7-3 所示。

四、数据架构

本方案的数据架构遵循各公司企业统一云服务平台和统一数据库的整体要求。整体数

图 7-3 变电工程、线路工程应用架构图

据流架构图，如图 7-4 所示。

输变电工程设计技经一体化平台通过解析三维设计数据，在造价三维平台上，应用设计成果编制概预算及清单数字化智能造价数据，包括技经属性数据、数字化智能造价数据、工程量数据、报表数据。

五、安全架构

考虑到基于三维设计的输变电工程设计技经一体化平台涉及工程信息、设计图纸、三维设计模型、数字化造价数据等敏感信息，系统等级保护初定为二级，其安全防护依据《信息安全技术　信息系统安全等级保护基本要

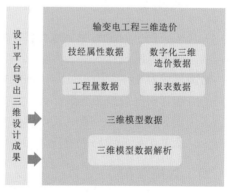

图 7-4 数据流架构图

求》(GB/T 22239—2008)和《国家电网公司智能电网信息安全防护总体方案》(国家电网信息〔2011〕1727号)要求,遵循"分区分域、安全接入、动态感知、全面防护"的安全策略,按照等级保护二级系统要求进行安全防护设计,并根据业务系统的不断完善加强对系统的防护,最大限度的保障应用系统的安全、可靠和稳定运行。安全防护框架体系图如图7-5所示。

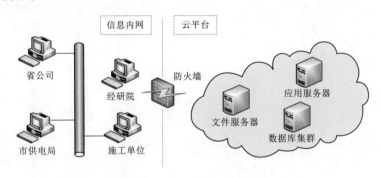

图 7-5 安全防护框架体系图

第五节 关 键 技 术

一、设计-造价数据转换

依据已有的变电工程三维设计模型,对其基本图形、图形间融合等表达方式与造价所需数据进行归类匹配,构建系统化的三维设计模型信息的结构化数据表达方式。由于设计和技经在概算、预算、工程量清单的不同造价模式下的需求不一致,导致电网工程在设计角度和技经角度相应的构件分类和属性有比较大的差异。通过技经在概算、预算、工程量清单不同造价模式下的构件分类和属性,基于GIM标准格式的属性要求,制定出基于设计模型的统一分类和属性对照,实现从设计到技经数据无损转化,满足在技经人员在概算、预算、工程量清单的不同工程阶段对设计属性的分类及属性的要求,实现设计数据与造价数据间的无缝转换。

设计数据成果会按照软件内部规则,自动提取不同阶段下所需的设计数据,实现设计—造价一体化的数据提取,以变压器、墙体为例,数据项及数据转换见表7-1。

表 7-1 数 据 项 及 数 据 转 换

分类	属性	属 性 取 值	概算属性	预算属性
电气设备 ——变压器	名称			
	型号			
	额定电压/kV		√	√
	额定容量/kVA		√	√
	相数	单相、三相	√	√
	型式	双绕组、三绕组、变压器成套装置	√	√

分类	属性	属 性 取 值	概算属性	预算属性
电气设备——变压器	绝缘方式	油浸、干式、SF_6	√	√
	绝缘油含量/t			√
	安装方式	地埋、普通		
	调压方式	有载、无励磁、无调压、无载		
	散热器布置方式	一体、水平分体、上下分体	√	√
	是否带负荷调压			
	是否自耦		√	√
	防腐要求	补漆、喷漆、冷涂锌喷涂		
	期次	前期、本期、后期		
	检查方式	吊罩检查、吊芯检查	√	√
	数量/台			√
	供货方式	甲供、乙供	√	√
	物料编码			
	固化 ID			
	物料描述			
	扩展描述			
	安装位置	户内、户外	√	√
建筑——墙体	名称			
	类型	结构墙、砌体墙、间隔墙、防火墙、核心竖井、电梯井壁、成品卫生间隔断		√
	是否预制			√
	是否保温			
	墙厚/mm			√
	材料类型	预制轻骨料混凝土、实心砖、加气混凝土块、空花砖、水泥焦渣空心砖、硅酸盐砌块、贴砌聚乙烯苯板、轻骨料混凝土砌块、毛石、高强水泥板、胶合板、木龙骨石膏板、轻钢龙骨石膏板、高密板、钢板（丝）网、钢筋混凝土、GRC 轻质墙板、高强轻质板、多孔砖墙、空花砖墙、防火岩棉、纤维水泥复合板、防火石膏板、大砌块	√	√
	墙类型	直墙、弧形墙		√
	做法描述			
	是否勾缝			√
	面层	单面、双面		√

分类	属性	属 性 取 值	概算属性	预算属性
建筑——墙体	屏蔽网挂网方式	外挂、内挂	✓	
	防火等级			
	建筑类别	主厂房、其他建筑	✓	
	墙体位置	内墙、外墙	✓	✓
	模板类型	钢制模板、竹木模板、组合模板、复合模板、定型大模板		✓
	是否成品			✓
	模板位置	地上、地下		✓
	长度/m			
	面积/m²		✓	✓
	体积/m³		✓	✓
	强度等级			
	期次	前期、本期、后期	✓	✓

二、设计-造价智能算量

变电工程建模规范中明确了各个模型应包含的外形尺寸参数信息，因此，变电工程三维设计模型本身是可以准确对其工程量进行计算，以设计模型为基础数据，根据概预算和清单计算规则要求，对获取的三维模型按照要求进行工程量的统计，同一模型的工程量按不同阶段造价编制的要求可以是体积、面积、数量等，根据概预算和清单计价对应的算量匹配规则，结合三维设计数据，满足提资项目工程量的智能提取，快速准确地获取项目的工程量。智能算量属性表见表 7-2。

表 7-2　　　　　　　　　　　　智能算量属性表

分类	属性名称	属 性 取 值	计量说明	计量说明
电气设备——变压器	名称		按数量计量单位"台"；按数量计量单相单位"台/单相"；三相单位为"台"	按数量计量单位"台"；干式、箱式、三相按数量计量单位"台"；其他按数量计量单位"台/单相"；绝缘油按重量计量单位"t"
	型号			
	额定电压			
	额定容量/kVA			
	相数	单相、三相		
	型式	双绕组、三绕组、变压器成套装置		
	绝缘方式	油浸、干式、SF₆		
	绝缘油含量			
	安装方式	地埋、普通		
	调压方式	有载、无励磁、无调压、无载		
	散热器布置方式	一体、水平分体、上下分体		
	是否带负荷调压			

分类	属性名称	属 性 取 值	计 量 说 明	计 量 说 明
电气设备——变压器	是否自耦			
	防腐要求	补漆、喷漆、冷涂锌喷涂		
	期次	前期、本期、后期		
	检查方式	吊罩检查、吊芯检查		
	数量			
	供货方式	甲供、乙供		
	物料编码			
	固化 ID			
	物料描述			
	扩展描述			
	安装位置	户内、户外		
建筑——墙体	名称		间隔墙、成品卫生间隔断按面积计算，单位"m²"；其他按体积计算，单位"m³"；墙计算装饰量按面积计量，单位"m²"	间隔墙按面积计算，单位"m²"；其他类型墙按体积计算，单位"m³"；墙计算装饰量按面积计量，单位"m²"
	类型	结构墙、砌体墙、间隔墙、防火墙、核心竖井、电梯井壁、成品卫生间隔断		
	是否预制			
	是否保温			
	墙厚/mm			
	材料类型	预制轻骨料混凝土、实心砖、加气混凝土块、空花砖、水泥焦渣空心砖、硅酸盐砌块、贴砌聚乙烯苯板、轻骨料混凝土砌块、毛石、高强水泥板、胶合板、木龙骨石膏板、轻钢龙骨石膏板、高密板、钢板（丝）网、钢筋混凝土、GRC轻质墙板、高强轻质板、多孔砖墙、空花砖墙、防火岩棉、纤维水泥复合板、防火石膏板、大砌块		
	墙类型	直墙、弧形墙		
	做法描述			
	是否勾缝			
	面层	单面、双面		
	屏蔽网挂网方式	外挂、内挂		
	防火等级			
	建筑类别	主厂房、其他建筑		
	墙体位置	内墙、外墙		

分类	属性名称	属性取值	计量说明	计量说明
建筑——墙体	模板类型	钢制模板、竹木模板、组合模板、复合模板、定型大模板		
	是否成品			
	模板位置	地上、地下		
	长度/m			
	面积/m²			
	体积/m³			
	强度等级			
	期次	前期、本期、后期		

三、三维量价可视化

支持变电工程的三维可视化预览，能够将模型的设计属性和系统层级结构进行准确展示，支持三维模型的显示、隐藏、测距、剖切、漫游等传统三维视口功能，满足可视化应用要求。能够将三维设计模型的量价进行展示，点击设计模型可查看其模型的工程量和智能组价的信息，技经专业将传统的二维造价模式转换为三维数字化造价模式，造价编制成果由以前的表单升级为数字化模型数据。

四、基于服务器的协同作业方式

基于 Web 端服务器部署方式，在内部网络部署完成后，实现服务器一次部署，多人协同使用，并可实现对应人员的权限划分，工程造价数据实时保存，数据查询方便、不丢失，支持项目数据台账化管理，多工程列表、协同办公、流程审批功能，提高工作效率，适应用户不同场景的使用需求。

第六节 系统展示

ECM 变电工程设计造价一体化平台满足主网变电工程的工程造价编制需求，完成设计数据和造价数据的对接，实现工程概预算自动编制，清单工程量、招投标限价的手动编制，目前数字化造价平台的搭建已完成；远期规划覆盖工程全生命周期造价管理，包括投资管控、动态造价管理、造价分析、智能结算等。

一、Web 端协同作业

ECM 变电工程设计造价一体化平台是一款结合 BIM 三维理念和网络服务技术研发的新一代造价管理系统，摒弃管理系统＋工具的二元结构，以 Web 一体化＋协同作业方式支持三维造价编制及造价管理工作，变电工程的造价数据将存储在数字化平台内，为后期的造价经济技术指标、造价管控等，提供历史工程的数据支撑，解决数据存储问题，Web端工作方式如图7-6所示。

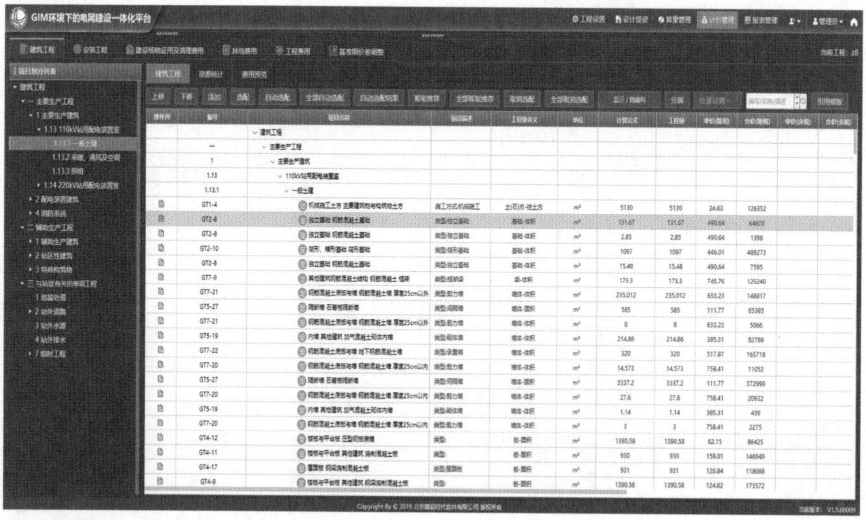

图7-6 Web端工作方式

二、常规造价模式

平台满足常规造价成果的编制要求平台具备常规造价软件所需相关功能，内置对应资源库，典型项目划分模板、取费模板、定额库、各季度的电力建设工程装置性材料库、各季度的国网信息价库，可独立生成变电站造价成果，满足估算、概算、预算、清单、结算、招投标限价编制要求，平台常规造价模式如图7-7所示。

图7-7 平台常规造价模式

三、三维造价模式

技经专业将传统的二维造价模式转换为三维数字化造价模式，将三维设计成果无缝接入设计造价一体化平台，实现造价成果与设计模型的对应以及设计模型量价的可视化查看，保证了数据的统一。三维造价模式如图 7-8 所示。

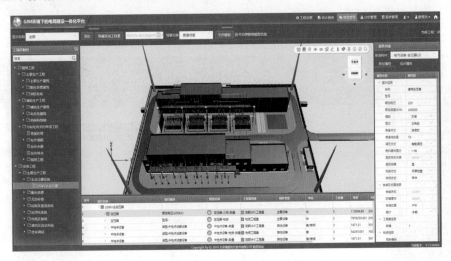

图 7-8　三维造价模式

四、智能算量

通过三维设计模型进行工程量的提取，实现自动算量，其原理为：各个模型都是由族文件构成，已将各个族文件进行了参数化模型分析，能够提取族文件中的关键参数进行算量，自动算量为净量，可给予一定的裕度，用 STD-R 软件绘制的模型，均能够达到自动算量的效果。智能算量图如图 7-9 所示。

图 7-9　智能算量图

五、智能组价

支持概、预算工程的定额及国网信息价的自动套取，其中国网信息价可匹配多个季度的价格，并基于造价大数据进行归纳分析，记录造价人员套取定额和设备材料价格的习惯进行推荐使用，例如当地协议库存价的记录推荐、通过自动匹配＋智能推荐辅助匹配的方式等增加平台数字化程度。智能组价图如图 7-10 所示。

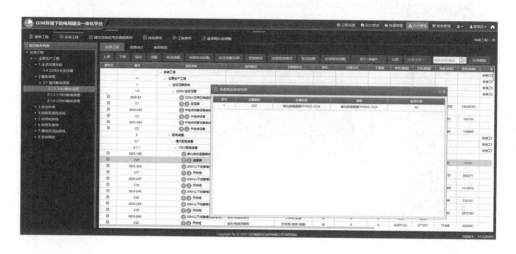

图 7-10 智能组价图

六、实际验证

设计造价一体化系统在全国范围内开展了 20 个以上的变电站工程进行应用，佐证了设计造价一体化系统的可行性和正确性，本节仅以地区某 220kV 概算工程及某 110kV 预算工程为例，导入深化后的变电站三维设计成果，智能生成变电站概预算成果。

案例工程从项目划分自动化、定额自动匹配率、定额匹配准确性、费用自动化程度四个方面进行分析。

（1）项目划分自动化。根据当地设计习惯进行配置，项目划分自动化程度已达 100％，将模型数据自动划分在技经端的项目划分下。

（2）定额自动匹配率。构件进行智能组价，定额匹配率在 80％以上。

（3）定额匹配准确性。构件属性填写正确的情况下，通过校核后进行定额的自动匹配，定额、设备材料价匹配准确性均已达 100％。

（4）费用自动化程度。导入三维设计成果后，在数字化造价平台中进行自动算量和自动组价，与客户原始数据比较，概预算成果的自动化编制率在 90％以上。例如，某 220kV 工程和某 110kV 工程传统作业与设计造价一体化成果比对效果见表 7-3 和表 7-4。

表 7 – 3　　　　　　　　　　　　　　　　　**某 220kV 工程概算表**

工程 4 -冀北（7 月）	概算表数据——客户原始数据 220kV 概算				
序号	工程或费用名称	建筑工程费	设备购置费	安装工程费	其他费用	合　计
1	主辅生产工程	4263	6732	1834		12829
1.1	主要生产工程	3760	6732	1834		12326
1.2	辅助生产工程	503				503
2	与站址有关的单项工程	219				219
3	小计	4482	6732	1834		13048
设计造价一体化平台数据——自动生成数据					
序号	工程或费用名称	建筑工程费	设备购置费	安装工程费	其他费用	合　计
1	主辅生产工程	4143	6732	1510		12385
1.1	主要生产工程	3759	6732	1510		12001
1.2	辅助生产工程	384				384
2	与站址有关的单项工程	175				175
3	小计	4318	6732	1510		12560
指标分析					
自动项目划分率-设计 构件对应到项目划分	定额自动 匹配率	定额匹配 准确性	费用自动化程度		
100%	92.27%	100%	96.26%		

表 7 – 4　　　　　　　　　　　　　　　　　**某 110kV 工程预算表**

工程 5 -冀北（7 月）	概算表数据——客户原始数据 110kV 概算				
序号	工程或费用名称	建筑工程费	设备购置费	安装工程费	其他费用	合　计
1	主辅生产工程	1373	2440	375		4188
1.1	主要生产工程	970	2440	375		3785
1.2	辅助生产工程	403				403
2	与站址有关的单项工程	117				117
3	小计	1490	2440	375		4305
设计造价一体化平台数据——自动生成数据					
序号	工程或费用名称	建筑工程费	设备购置费	安装工程费	其他费用	合　计
1	主辅生产工程	1211	2440	271		3922
1.1	主要生产工程	904	2440	271		3615
1.2	辅助生产工程	307				307
2	与站址有关的单项工程	35				35
3	小计	1246	2440	271		3657
指标分析					
自动项目划分率-设计 构件对应到项目划分	定额自动 匹配率	定额匹配 准确性	费用自动化程度		
100%	81.34%	100%	91.92%		
原因：安装调试费 99.5 万元，占比较高，故整体指标率下降					

第八章

实践案例

为了便于直观了解和熟悉智能设计与造价技术，本章从变电智能电气设计、智能土建设计、智能造价三方面详细给出案例，进行论述介绍。

第一节 智能电气设计

一、创建典型通用方案库

将典型通用设计方案存入典型方案库中，并在方案库中记录每个方案每个模块的关键技术参数，完成标准方案库的扩充。其中，典型工程入库图如图8-1所示，典型方案关键参数图如图8-2所示，典型模块关键参数图如图8-3所示。

图8-1 典型工程入库图

图8-2 典型方案关键参数图

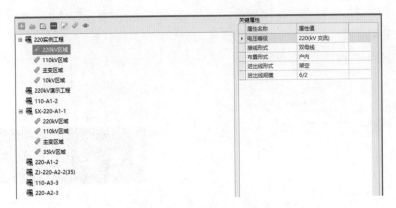

图 8-3 典型模块关键参数图

二、新建工程

新建工程，按照实际情况填写工程基本信息，如图 8-4 所示。

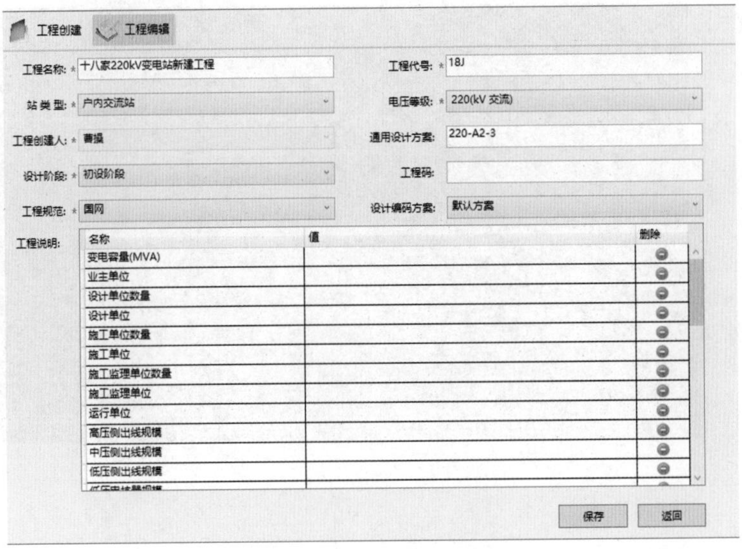

图 8-4 新建工程

三、方案选型复用

方案复用，根据新建工程的基本信息智能选择匹配度最高的方案模块，从而实现智能选型（图 8-5）。智能选型成功的方案模块会高亮显示，表示已经匹配成功，选择数据导入即可完成典型工程复用，形成新的工程方案（图 8-6）。

四、方案设计

（一）主接线选择设计

根据本工程实际数据，进行工程主接线设计，包括系统树设计，主接线回路扩充参数化绘制，主接线设备赋值，主接线标注，设备编码以及期次划分等功能，形成新方案的主接线图。本工程主接线设计成果图如图8-7所示。

图8-5 智能选型图   图8-6 方案复用图

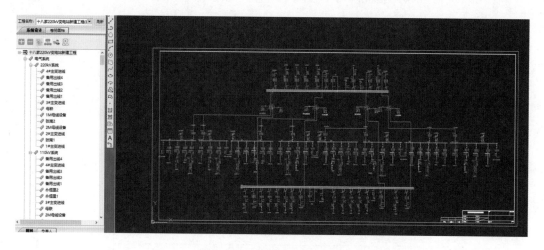

图8-7 主接线设计成果图

（二）工程库选型

根据本工程需要进行工程库（设备库和族库）选型，也就是从公共库中选取适用于本工程的数据包括模型和属性两部分。

（三）配电装置设计

主接线设计完成后，需要进行配电装置设计。

1. 配电装置轴网设计

进行配电装置设计时，对于新设计的配电装置区域，可以使用参数化轴网设计功能，与系统设计相结合，自动提取系统设计内的间隔名称，生成对应的轴网，在界面上可对轴网间距进行调整，还可设置设备间轴线，以本站的220kV系统设计为例，轴网设计如图8-8所示。

2．设备布置

轴网设计完成后使用系统生成工程，读取主接线赋值信息，将各个间隔设备布置到图中。设备布置及布置后的效果如图8-9和图8-10所示。

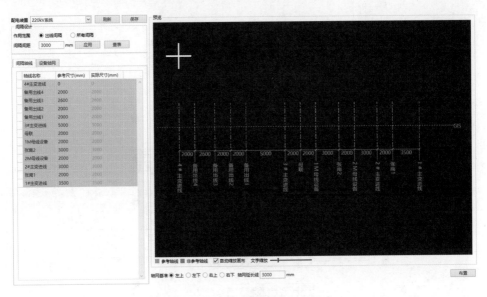

图8-8　轴网设计图

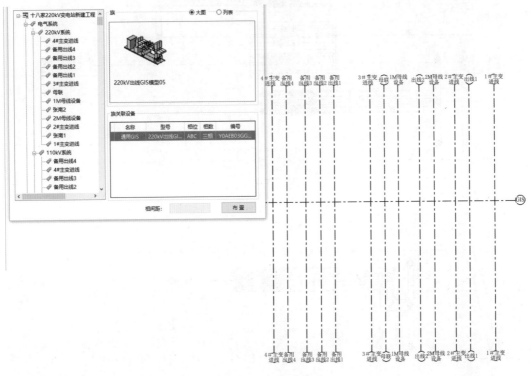

图8-9　设备布置图

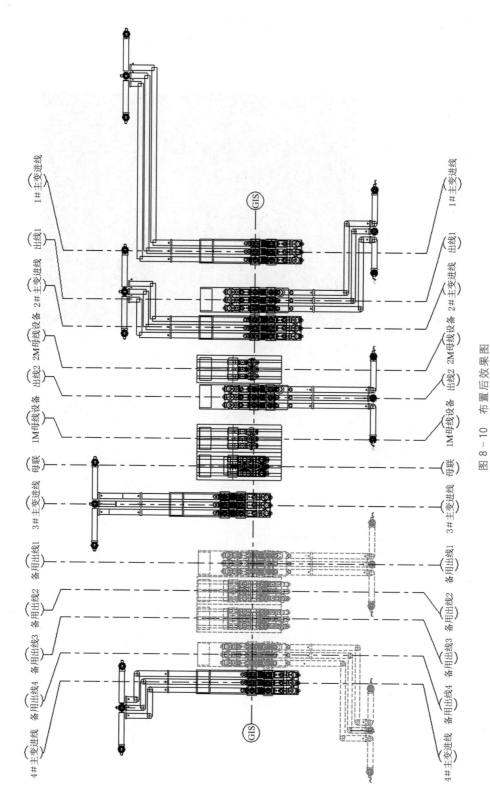

图 8 - 10 布置后效果图

3. 导体设计

设备布置完成后，需要进行导体设计包括导线设计，母线设计，电缆设计等。本工程220kV系统主要是跨线引下线的连接，导体设计的效果图如图8-11所示。

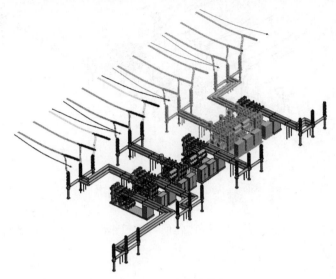

图8-11　导体设计效果图

4. 配电装置编辑

本工程110kV系统设计采用配电装置区域编辑功能，对复用过来的110kV系统进行编辑修改即可。

主接线参数修改后会自动更新到三维配电装置模型，通过参数化区域编辑将配电装置位置等关键尺寸提取并根据实际工程稍加修改，即可实现根据工程规模优化配电装置设计方案，将改动刷新到图纸中，模型更新完成之后，点击修复导线可以智能修复因为模型变动导致的导线连接问题，从而实现整个配电装置的修改完善。配电装置的编辑及效果图如图8-12和图8-13所示。

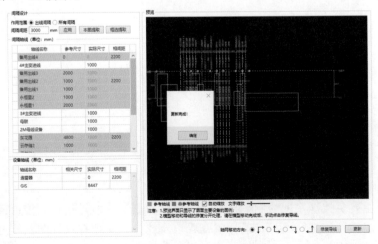

图8-12　配电装置编辑图

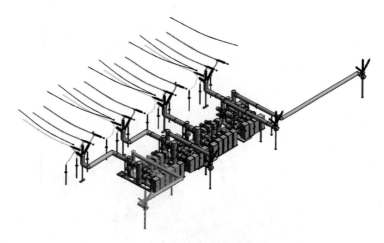

图 8-13　配电装置效果图

修改后的配电装置信息还可以联动更新到平断面图纸中，保证数据的一致性。

（四）屏柜设计

1. 屏柜信息定义

屏柜信息定义包括系统树定义添加以及屏柜信息填写选择，具体如图 8-14 所示。

图 8-14　屏柜信息定义

2. 屏柜布置

屏柜信息定义以及数据添加完成后，选择要布置出来的屏柜，即可布置到图纸中，布置结果如图 8-15 所示。

（五）接地设计

接地设计主要是接地主网绘制，接地极、接地帽檐、焊接点设计，接地倒角等设计及操作，设计完成后可以进行三维接地样式查看以及统计，实现接地智能三维设计。绘制接地网、接地极界面图如图 8-16 所示，绘制接地帽檐及导角图如图 8-17 所示。

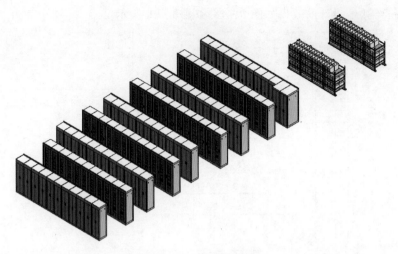

图 8 - 15　屏柜布置图

图 8 - 16　绘制接地网、接地极界面图

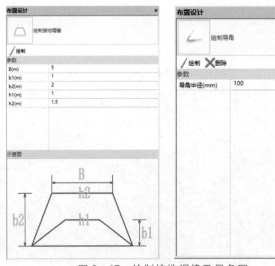

图 8 - 17　绘制接地帽檐及导角图

二维和三维接地设计的效果如图 8-18 和图 8-19 所示。

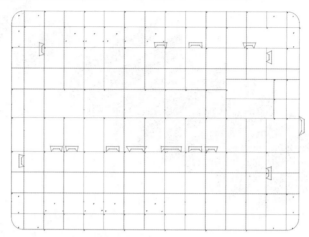

图 8-18　二维接地设计效果图

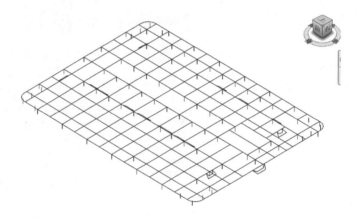

图 8-19　三维接地设计效果图

五、工程案例成果展示

工程案例成果如图 8-20 所示。

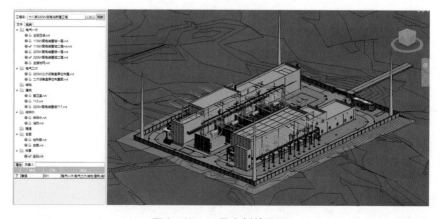

图 8-20　工程案例效果图

第二节　智能土建设计

一、智能选址

勘测信息管理。对当前导入的勘测信息进行管理（地形文件），通过树结构显示当前系统中存在的所有地形文件，以勾选的形式选择需要展示的地形，取消勾选的即为不显示地形。

导入地形文件（图8-21），支持单独导入（*.tif,*.shp,*.tab）后缀名称的地形文件。

成功导入地形数据到服务器上后，该地形文件属性信息出现在属性显示框中，导入数据支持编辑、删除等操作。

图8-21　导入地形文件

导入三维模型（图8-22）。进行三维模型的导入，选择本地已有的模型文件（如GIM文件），点击确定，系统开启数据包解析、展示的流程；解析成功后，用户通过双击

图8-22　导入三维模型图

节点进行三维模型的切换。切换成功后，右侧的模型树和属性信息切换到当前选中的三维模型的模型树及属性信息。

地形平整。在 GIS 图上，指定设计范围，将指定范围内的地形信息，转换为勘测信息点阵，包括坐标高程，调用系统"地形场平"功能进行设计。

实现整平高差调整（图 8-23），即当前选择范围集体高程升高/降低为该值。

图 8-23 整平高差调整

选择基准点，在鼠标点选的点位信息表格中，选择一个为高程调整基准点，以该点为基准进行高程调整。调用三维引擎的场平功能，将上述范围内的高程，以基准点高程为标准，整体抬高到整平高差值。

地基处理。对于当前地区的地质土壤信息进行输入和编辑，系统将根据已有的地基处理方案，根据土壤信息给出相应的推荐方案。

土壤信息。在普通场景下，添加土层，土层需要填入：名称、厚度、是否为持力层、土壤参数（暂定为地基承载力、地基压力扩散角、沉降系数）。添加土层后，将在右侧预览区，显示土壤分层情况，并显示土壤名称、厚度信息，土壤序号为土壤分层顺序，序号为 1 的为最上层土壤，即地表土壤。

水位管理（图 8-24）。对水位进行管理，包括低水位、高水位、洪水水位、腐蚀度、地震烈度的填写，并在三维图上进行展示水位的位置平面。

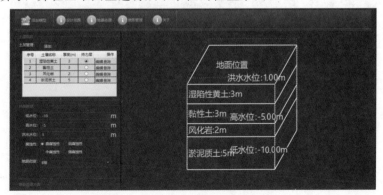

图 8-24 水位管理

地基处理方案（图8-25）。根据上述土壤信息及水位信息，根据下表进行地基处理方案的选取。

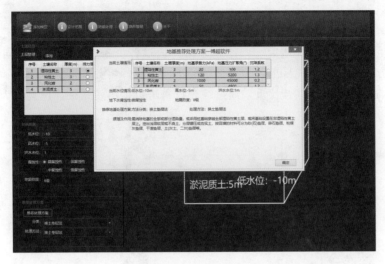

图8-25 地基处理方案

三维区域圈画。在GIS图上，手动指定圈画范围，将指定范围内的影响选址因素信息进行指定，如周边负荷中心位置、已建输电线路、主干道路、普通道路、居民区、水源等，指定后信息进行后台存储，用于后期站址比选使用；指定圈画内容支持编辑、删除等操作。

当导入地形文件带有上述影响因素信息时，可以不进行手动指定。

GIS地理信息数据提取（图8-26）。数据提取，提取圈画范围内定义选址因素，如地

图8-26 GIS地理信息数据提取

貌特征、地震烈度、场平土石方工程量，变电站到负荷中心距离、进站道路位置等等，把提取到的信息，填写到待选地块界面上，后台根据数据进行相关计算，得出数据为选址提取比选依据。

多地块智能选址（图 8-27）。实现变电站智能选址的比选，通过上述定义的多个变电站地块，后台进行分析、研究、归纳、总结，通过各个条件权重系数不同的选取和组合，通过协方差的计算方式得出各个指标层的不同权重，将数据带入模型中，得出最终的方案、指标的权重系数及综合权重，通过综合权重可以得出建站最优位置，为设计人员的选址提供参考。

指标名称	分项综合权重	备选站址一	备选站址二	备选站址三
洪水威胁U1	0.122	0.054	0.054	0.013
地质地貌U2	0.048	0.022	0.022	0.005
地理位置U3	0.019	0.012	0.002	0.005
拆迁赔偿U4	0.016	0.003	0.003	0.011
占用土地U5	0.009	0.001	0.006	0.001
施工运行U6	0.055	0.018	0.018	0.018
施工电源U7	0.055	0.018	0.018	0.018
土石方量U8	0.055	0.037	0.013	0.005
生活垃圾U9	0.027	0.009	0.009	0.009
地方规划U10	0.027	0.009	0.009	0.009
电磁辐射U11	0.002	0.001	0.001	0.001
运行污染U12	0.002	0.001	0.001	0.001
交通运输U13	0.188	0.063	0.063	0.063
生活条件U14	0.188	0.063	0.063	0.063
进出线U15	0.187	0.063	0.063	0.063
综合权重	1	0.373	0.344	0.284

方案层综合权重

图 8-27　多地块智能选址

二、建筑物设计

建筑设计主要为房间设计，主要设计流程：标高设计→轴网设计→墙体布置→门窗布置→楼板、屋面板布置→房间装饰布置→建筑设施布置→出图、标注。

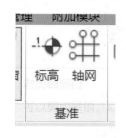

图 8-28　标高布置

标高布置（图 8-28）。多层建筑时，创建每层标高值，图纸切换到立面视图，点击"建筑设计-标高"进行绘制；创建时，会在平面视图中，自动创建对应的平面标高视图（图 8-30），即可在平面中进行模型绘制。平面标高视图如图 8-29 所示。

轴网设计（图 8-30）。在平面视图中进行轴网绘制，绘制后，如果在其他标高看不到轴网，可以在立面视图中拖拽轴网，保证轴网高于标高线，即可看到。

墙体布置（图 8-31）。功能位置"建筑-墙"，点击起终点位置，生成对应的模型，高度等信息可以在绘制时设定，也可绘制后在修改，相交处进行自动打断处理。

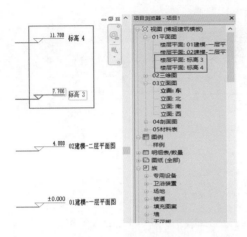

图 8 - 29 平面标高视图

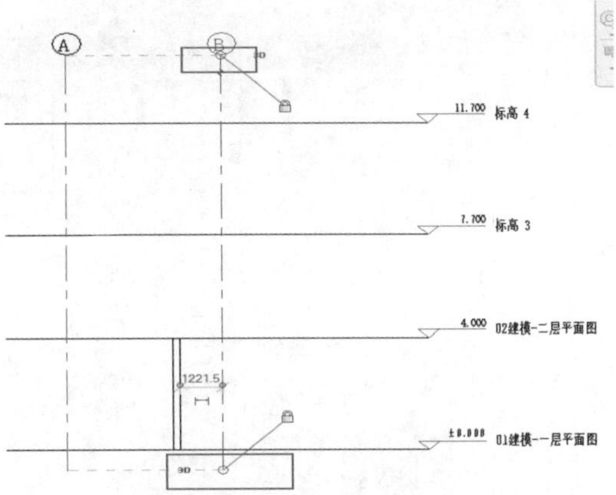

图 8 - 30 轴网设计图

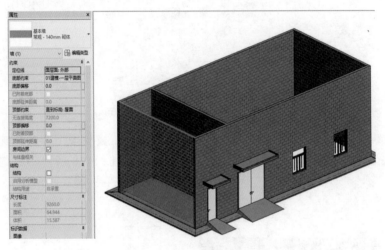

图 8 - 31 墙体布置图

　　门窗布置（图 8 - 32）。功能位置"建筑-门、建筑-窗"。在项目中图纸，插入门、窗族模型，点击"插入-载入族"；载入族模型后，点击"建筑-门、窗"功能，选择墙体，插入门窗模型；门窗只能选择墙体为主体进行插入，单独没办法进行放置。

图 8 - 32 门窗布置图

　　楼板、屋面板布置（图 8 - 33）。点击功能，绘制范围框轮廓，生成对应的三维模型，绘制后点击模型，点击"编辑类型"进入到类型属性中设置板厚等参数，也可以设置相关坡度，如图8-34所示。

图8-33　楼板、屋面板布置图

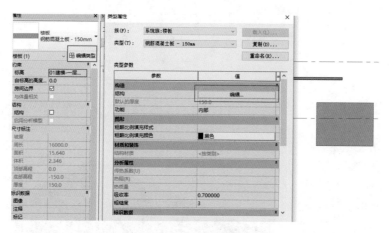

图8-34　属性编辑图

坡道布置（图8-35）。在建筑物外墙生成坡道模型，模型采用参数化建模方式，通过界面参数，控制模型尺寸，布置时采用点选方式，如图8-36所示。坡道分为"直坡道""斜坡道""带平台直坡道"三种方式。

图8-35　坡道布置图

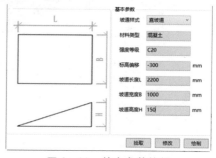

图8-36　基本参数编辑

散水布置（图8-37）。在三维视图下，选择墙体，进行散水生成，拐点处自动处理弯头出相交。

楼梯布置（图8-38）。在平面视图下，点选界面一点，再给出楼梯方向，生成模型，绘制点为楼梯中心点，如下单跑楼梯箭头位置等。

门窗布置（图8-39）。对当前视图上的门窗，出门窗的大样图，如图8-40所示，同类型门窗只会出一个实例。

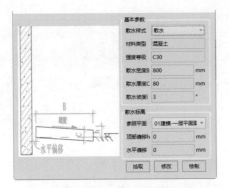

图 8-37 散水布置图

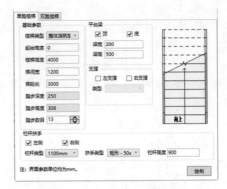

图 8-38 楼梯布置图

图 8-39 门窗布置图

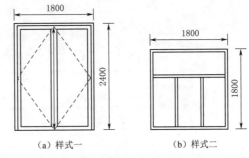

（a）样式一　　　　　（b）样式二

图 8-40 门窗大样图

房间装饰布置（图 8-41）。根据绘制的建筑墙体围合范围，定义房间，点击房间功能，鼠标放到图纸封闭的维护结构会自动生成房间标记。

当生成房间标记后，即可使用房间装饰功能进行编辑，如图 8-42 所示。

右侧为装饰材质，下拉进行选择，同时墙面、天花板、楼面板、踢脚也可以控制是否生成，通过勾选判断；点击"布置"拾取房间标记，会在房间中，生成装饰材，如图 8-43 所示。

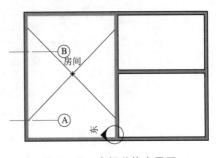

图 8-41 房间装饰布置图

图 8-42 房间装饰属性编辑

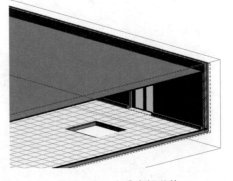

图 8-43 生成房间装饰

三、构支架设计

基础设计。站区基础设计，采用参数化建模方式，根据界面设置参数完成模型的建立，基础包括独立基础、条形基础、异形基础、主变基础、围墙基础等，满足常用变电工程使用。

在平面视图进行布置，同时每层阶数的相关尺寸支持设置，基础与垫层可以设置材料和强度等级，布置后自动计算工程量。

构架设计（图8-44）。构架设计用于站区接线使用，类型包含人字柱、端撑人字柱、三角梁、收口三角梁、格构式柱、格构式梁、独立避雷针、三角形格构式避雷针等，采用参数化建模方式，点选放置构架，支持拾取、修改等操作。

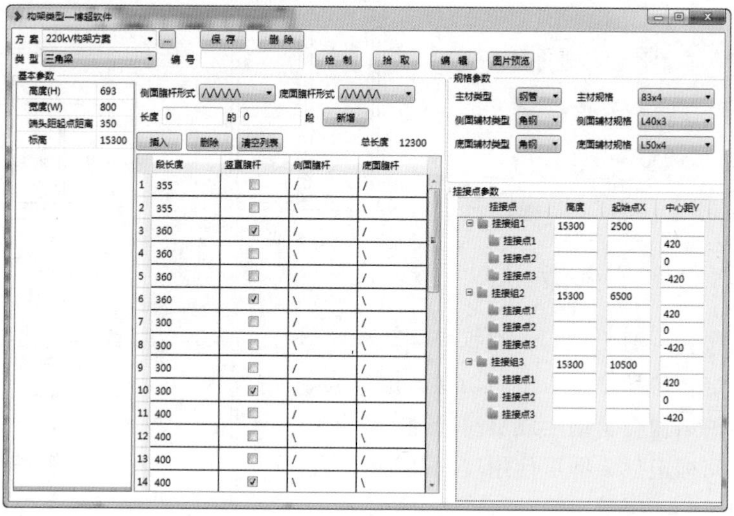

图 8-44　构架设计

分段参数设置（图8-45），根据分段参数设置，主要完成构件样式、材料类型、挂线点的设置。

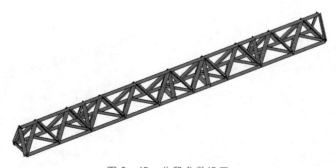

图 8-45　分段参数设置

支架设计。采用参数化建模方式，根据界面设置参数完成模型的建立，包含支架柱底、支架柱体、双柱槽钢支架、T型支架、π型支架、格构式支架等。柱底设计及成果如

图 8 - 46、图 8 - 47 所示。

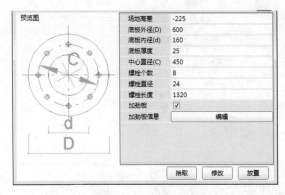

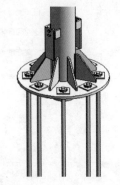

图 8 - 46　柱底设计　　　　　　　　　　　图 8 - 47　柱底设计成果

根据柱体设计界面参数编辑，完成柱体设计，如图 8 - 48 所示。

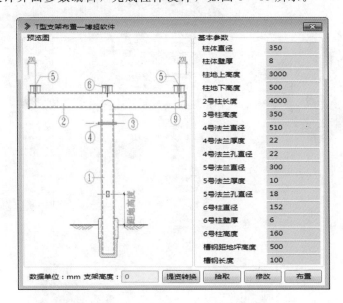

图 8 - 48　柱体设计参数编辑

四、构筑物设计

坑槽土方设计。坑槽土方设计，主要用于站区基础、沟道、管道的挖填方工程量计算，其功能位置"总图-坑槽布置"，如图 8 - 49 所示。

框选需要计算土方的设施模型，如基础、管道、沟道等，软件通过设置参数等，自动生成土方模型并且完成相关工程量计算，效果如图 8 - 50 所示。

围护结构设计。围墙设计通过界面数据，参数化生成装配式围墙模型，可以设置端点柱、地梁的显示隐藏操作；点击起终点路径绘制，完成后生成对应界面上的参数化模型。围护结构设计及效果图如图 8 - 51、图 8 - 52 所示。

图 8-49 坑槽布置

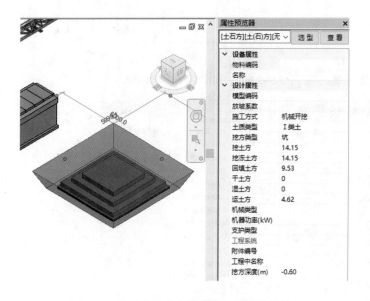

图 8-50 自动生成土方模型及工程量计算效果

图 8-51 围护结构设计

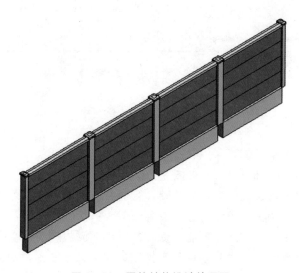

图 8-52 围护结构设计效果图

电子围栏设计（图 8-53）。基于绘制线方式，进行起终点路径绘制，完成后生成对应界面上的参数化模型，例如警示牌的设计效果如图 8-54 所示。

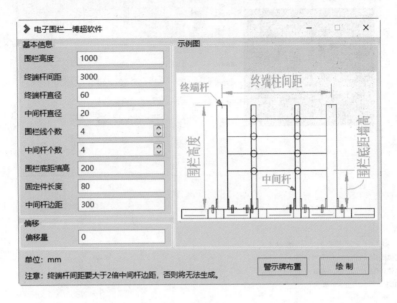

图 8-53 电子围栏设计

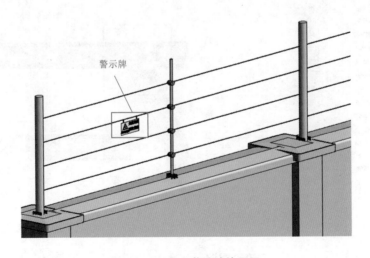

图 8-54 警示牌设计效果图

挡土墙设计（图 8-55）。基于绘制线方式，进行起终点路径绘制，完成后生成对应界面上的参数化模型。

沟道设计（图 8-56、图 8-57）。电缆沟设计实现站区、室内、室外电缆沟设计，电缆沟支持沟底坡度设置；采用绘制路径线方式，通过参数化设置，实现电缆沟设计，转角自动生成，目前转角样式支持弯头、三通、四通等。

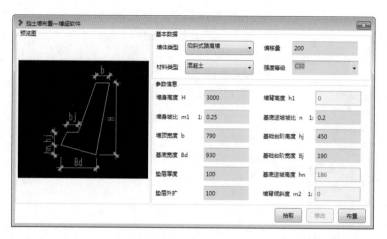

图 8-55　挡土墙设计图

图 8-56　沟道设计

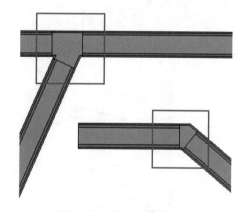

图 8-57　沟道设计效果图

排水沟设计（图 8-58）。采用绘制路径线方式，通过参数化设置，实现排水沟设计，转角自动生成。

五、土建计算

1. 冷热负荷计算

实现建筑冷热负荷计算，必须参照《民用建筑供暖通风与空气调节设计规范》（GB 50736—2012）。

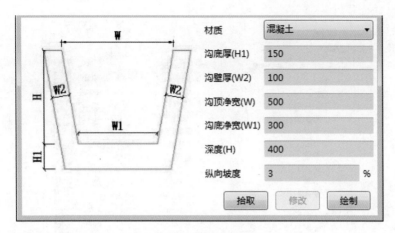

图 8-58　排水沟设计图

计算时的操作步骤：选择城市→新增建筑名称→拾取房间→添加墙体、门窗等维护结构信息（软件拾取、手动输入）→程序自动计算负荷信息。

功能位置"精细化校核-冷热负荷计算"，冷热负荷计算界面如图 8-59 所示。

图 8-59　冷热负荷计算界面

2. 城市定义

根据计算项目的工程所在位置，选择对应城市的气象参数信息。点击"选择城市"按钮，弹出气象参数数据库，选择对应得工程所在地，点击确定按钮，完成城市选择。界面会显示所选择的城市，界面如图 8-60 所示。

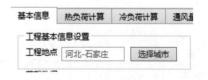

图 8-60　城市定义

3. 气象参数调整

气象参数数据库是依照《民用建筑供暖通风与空气调节设计规范》（GB 50736—2012）的要求录入，数据信息可进行调整，气象参数调整界面如图 8-61 所示。

图 8-61　气象参数调整界面

（1）新增建筑物。给需要计算的建筑物起个名称，在"建筑物名称"中输入名称，点击新增按钮，名称会添加到下方，同时"鼠标右键"可对添加名称进行删除、重命名操作，界面如图 8-62 所示。

（2）朝向修正。软件默认八个方向的朝向修正数据，可通过下拉进行选择，也可使用软件默认数据，点击保存，完成基本信息设置，界面如图 8-63 所示。

图 8-62　新增建筑物　　　　　　　　　　　图 8-63　朝向修正

界面上"冬季室外主要参数"和"夏季室外主要参数"读取所选城市的气象参数信息。

4. 热负荷计算

根据所选数据与手动输入信息，自动计算所选房间的负荷信息。

（1）拾取房间。拾取房间时，为识别 Revit 绘制的维护结构，并且进行房间标记，使用功能为"建筑 & 结构-房间""建筑 & 结构-房间分隔""建筑 & 结构-标记房间"，如图 8-64、图 8-65 所示。

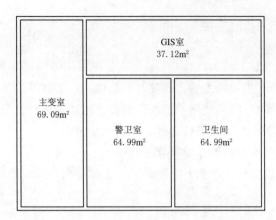

图 8-64　功能界面　　　　　　图 8-65　拾取房间

房间创建，分为"手动添加"与"拾取房间"中操作。

点击"拾取房间"按钮，框选图纸上所创建房间，点击界面左上角"完成"按钮，完成房间识别。

注意：当创建房间名称与房间参数库名义一致或者房间参数库包含所建名称时，该房间直接进行关联，取房间参数库中相关参数信息；如房间不一致时，取参数库第一个房间进行默认匹配，后面可以进行房间类型修改。

在拾取房间时，程序会自动提取房间的"面积"与"体积"信息。

点击不同房间时，切换右侧属性信息。添加房间右键可进行"重命名""添加房间""删除"等操作。

手动添加时，点击界面表格，右键添加房间，输入房间名称即可。基本信息自动提取界面如图 8-66 所示。

注意：只有添加房间后，才可以进行墙体、门窗等维护结构的添加。

（2）添加负荷。点击房间，选择对应的维护结构名称进行添加，如图 8-67 所示。

图 8-66　基本信息自动提取界面　　　　图 8-67　添加负荷界面

下拉可以选择对应的维护结构名称，每个维护结构对应的相关属性参数，界面如图 8-68 所示。

【面积】后面的按钮 [...] 为拾取按钮，可以识别外墙的面积参数，点击按钮，选择墙体即可；也可收到输入长度、与高度，自动计算出该墙体的面积。注意，当一个墙体夸多个房间时，需要使用"打断"功能，把墙体进行打断，否则面积计算不对。

【朝向】下拉进行选择，共有八个方向。

【传热系数】目前需要手动输入；

【温差修正系数】手动输入，但软件列出规范数据供参考，如图 8-69 所示。

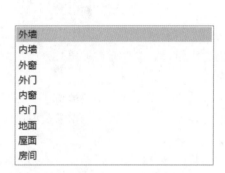

图 8-68 维护结构的选择界面 　　图 8-69 参考数据查询界面

【朝向附加】为选择朝向时，软件根据朝向修正数据得来，允许修改。

【外墙附加】手动输入数值。

【添加】把数据添加到左侧界面上，进行热负荷计算。

【修改】点击一条数据，点击修改，修改该条记录的数据信息，界面如图 8-70 所示。

图 8-70 修改数据信息界面

其他维护结构数据同墙体类似，采用同样方式即可添加，界面如图8-71所示。

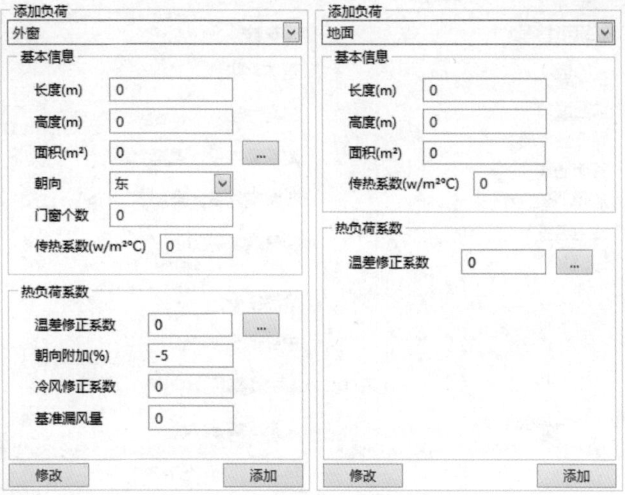

图8-71 添加负荷信息界面

5.冷负荷计算

计算房间冷负荷数值，以房间为依据，输入房间负荷估算指标，进行计算，界面如图8-72所示。

图8-72 冷负荷计算界面

【房间用途】为房间参数库中所列房间名称；房间参数库房间类型可增加修改，界面如图8-73所示。

【面积】房间所在面积。

【体积】房间所在体积。

【附加率】为负荷附加值，手动输入。

图 8-73 房间用途界面

【估算指标】房间所有负荷的估算值，手动输入。

输入数据后，点击修改按钮，更新房间数值，即可计算。

通风量计算。计算房间通风量，界面如图8-74所示。

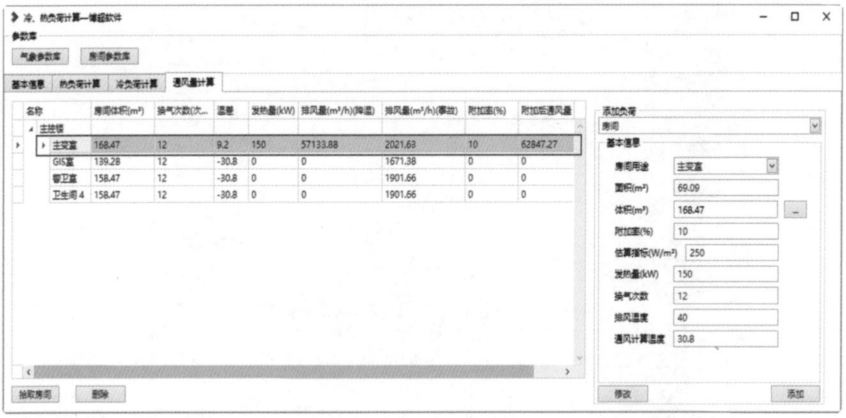

图 8-74 通风量计算界面

【发热量】房间发热量，手动输入。

【换气次数】读取所选房间参数信息，可修改。

【排风温度】房间排风温度，手动输入。

【通风计算温度】房间计算温度，手动输入。

输入数据后，点击修改按钮，更新房间数值，即可计算，更新后效果如图 8-75 所示。

6. 承载力计算

承载力计算时，参照《建筑地基基础设计规范》（GB 50007—2011），按照标准中的 5 地基计算和 5.2 承载力计算的要求。计算承载力，以保障计算基础的平均压力值满足承载力特征值的要求，界面如图 8-76 所示。

图 8-75　更新效果图

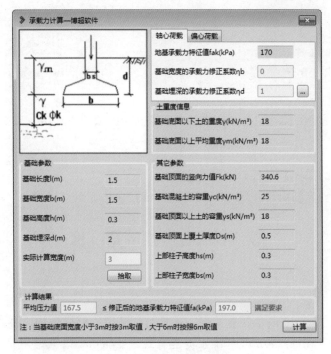

图 8-76　承载力计算界面

承载力计算分为"轴心荷载"与"偏心荷载"两种计算方式，偏心荷载为偏心距 $e \leqslant 0.033$ 倍基础底面宽度时的荷载。

【基础参数】可以识别通过"基础布置"的基础，也可以收到输入数据。

【其他参数】其他界面参数为用户根据勘测数据，手动输入。

【计算】会计算出相关结果，最后出是否满足要求结论。

7. 变形计算

变形计算时，参照《建筑地基基础设计规范》（GB 50007—2011），按照标准中的 5 地基计算中 5.3 变形计算的要求。计算变形，计算基础沉降值，界面如图 8-77 所示。

通过设置土层深度，压缩模量等数据，计算出沉降值。

【添加土层】添加土层，设置每一层土层的深度值。

【承载力特征值】、【压缩模量】根据勘测数据手动填写。

图 8-77　变形计算界面

【土层到基底的深度】软件自动计算。

【计算】点击计算给出计算结果，最后汇总值，在界面上"沉降值"中显示。

第三节　智　能　造　价

一、工程概况

本项目为某 220kV 变电站新建工程。建筑结构采用钢框架结构，基础采用独立基础，外墙 ±0.000 以上采用厚 350mm 纤维水泥复合板，±0.000 以下采用厚 370mmMU15 蒸压灰砂砖，内墙采用厚 148mm 轻钢龙骨防火石膏板，外墙面装饰采用仿石面砖，内墙面装饰采用乳胶漆面。屋面为钢梁浇制混凝土屋面板。门窗采用钢制防火门、隔热断桥铝合金窗。防水材料采用三元乙丙防水卷材，保温材料采用聚苯板材，屋面采用有组织排水。（本案例工程以 STD-R 数字化变电三维设计软件和 ECM 变电工程设计造价一体化平台为软件载体进行阐述分析）

二、设计与造价

（一）设计数据完善

在三维设计 STD-R 软件中，为达到设计造价一体化的效果，需要对变电站三维模型进行系统定义、属性赋值，并为了保证设计移交造价数据的完整性，工程中未以三维模型形式绘制的工程量，可通过附加材料的形式进行添加。并对模型属性以及附加材料的属性进行校核，校核无误后，导出设计成果文件，流程图如图 8-78 所示。

图8-78 设计数据完善流程图

1. 设计系统树创建与系统定义

按GIM规范建立设计系统树，对三维模型进行系统定义，GIM规范中未涉及的内容以技经区域的方式进行划分，达到工程量从设计到造价的移交效果，如图8-79所示。

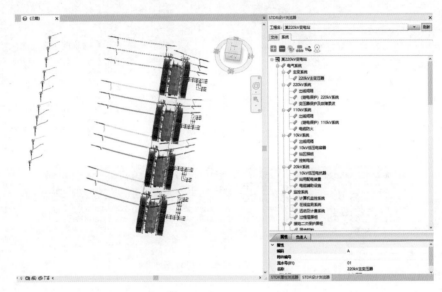

图8-79 设计系统树创建与定义

2. 设备属性赋值

基于绘制的三维模型基础上，对模型进行设备赋值和设备识别，赋予造价属性信息。土建模型通过设备识别进行属性赋值，电气模型通过设备赋值进行属性赋值，赋值界面及效果如图8-80～图8-83所示。

图8-80 设备赋值界面

3. 无模型材料附加

工程中未绘制模型的工程量，可通过附加材料的形式进行添加，并进行属性的补充完善。也可通过链接算量模板中的工程量进行复用，算量模板中的属性可直接引用，界面如图 8-84 所示。

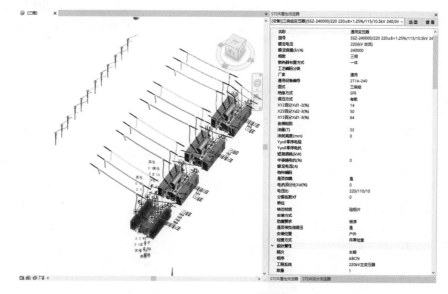

图 8-81 设备赋值效果

图 8-82 设备识别界面

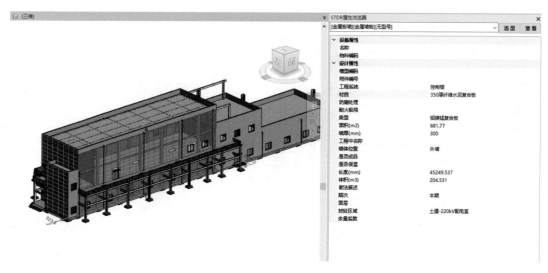

图 8-83 设备识别效果

图 8-84 无模型材料附加界面

4. 概算属性校核

为实现设计数据与造价数据间的无缝转换，需将模型及附加材料的属性按照技经需要进行填写，通过概算校核来校验属性的完整性及准确性，查看问题描述在右侧进行属性的补充调整，界面如图 8-85 所示。

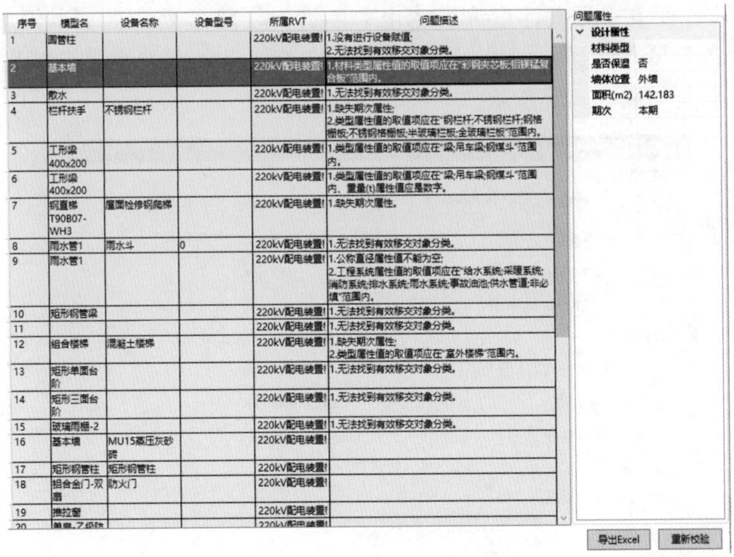

图 8-85 概算属性校核界面

5. 设计成果导出

设计数据完善后，最终将设计成果以 UDF 文件形式导出，设计数据会存储于设计提资树下进行移交造价平台，导出界面如图 8-86 所示。

（二）造价数据完善

将数字化变电三维设计软件输出的设计成果文件导入 ECM 变电工程设计造价一体化

图 8-86　导出界面

平台，设计数据成果会按照平台内部规则，自动提取概算阶段下所需的设计数据，自动输出概算工程量，并自动匹配定额和物资价格，在此基础上进行人工完善，输出完整版造价成果，具体完善流程如图 8-87 所示。

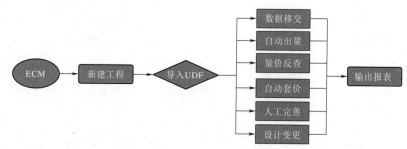

图 8-87　造价数据完善流程图

1. 新建工程

首先在 ECM 变电工程设计造价一体化平台进行创建工程，将基本信息、计算参数、标准方案依次进行填写选择，工程会根据填写的内容自动加载费用模板以及相关的配置规则，新建工程界面如图 8-88 所示。

图 8-88　创建工程界面

2. 导入 UDF

工程新建完毕后，通过导入 UDF 的方式将三维设计成果文件移交到造价平台，其界面如图 8-89 所示。

3. 数据移交

设计数据存储于设计提资树下，设计提资树根据平台后台配置的规则自动匹配项目划分，将设计数据移交到项目划分下，其界面如图 8-90 所示。

图 8-89 导入 UDF 界面

图 8-90 自动匹配项目划分界面

4. 自动出量

设计数据从设计提资树移交到项目划分后，基于三维设计模型为基础数据，根据概算计算规则要求，对获取的三维模型按照要求进行工程量的统计，输出数量、体积、面积、重量等工程量，并自动根据平台后台配置的概算出量规则输出对应的定额、主材和设备的工程量，效果如图 8-91 所示。

图 8-91 自动出量效果

5. 量价反查

在 ECM 变电工程设计造价一体化平台中，技经人员可通过工程量反查定位到三维模型中，通过三维模型可查看其模型的工程量、设计属性和技经属性等信息，实现量价反查的效果，效果如图 8－92 所示。

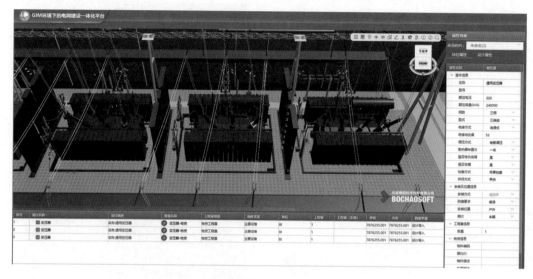

图 8－92　量价反查效果

6. 自动套价

平台后台已配置好概算定额册和国网信息价的关键信息的匹配规则，会自动提取移交的设计数据中工程量的属性信息，定额和物资根据属性进行价格匹配，少数未匹配价格的定额和物资需手动选配价格。其中国网信息价可选配多个季度的价格，效果如图 8－93、图 8－94 所示。

操作列	编号	项目名称	项目描述	工程量含义	单位	计算公式	工程量	单价(除税)	合价(除税)	单价(含税)	合价(含税)	备
		▽安装工程										安装工
	一	▽主要生产工程										安装工
	1	▽主变压器系统										安装工
	1.4	▽220kV主变压器										安装工
	GD2-23	220kV三相三绕组变压器安...	型号:	变压器-三相-数量	台	3	3	112004.69	336014			
	C1	变压器	名称:通用变压器	变压器-物资	台	3	3	6970137.17	20910412	7876255	23628765	
	GD3-262	中性点设备安装 中性点...	类型:	小中性点设备-数量	套/单组	3	3	1671.31	5014			
	C2	中性点设备	名称:110kV中性点成套装置	中性点设备-物资-数量	台	3	3	44212.39	132637	49960	149880	
	GD3-262	中性点设备安装 中性点...	类型:	小中性点设备-数量	套/单组	3	3	1671.31	5014			
	242	中性点设备	名称:220kV中性点成套装置	中性点设备-物资-数量	台	3	3	48013.28	144040	54255	162765	
	2	▽配电装置										安装工
	2.1	▽屋内配电装置										安装工
	2.1.3	▽110kV配电装置										安装工
	GD4-54	SF6金封闭组合电器(GIS)...	名称:126kV 3150A 母线共箱	GIS母线-数量	m (三相)	13.3333	13.3333	510.9	6812			
	GD4-54	SF6金封闭组合电器(GIS)...	名称:126kV 3150A 分支母线	GIS母线-数量	m (三相)	3.3333	3.3333	510.9	1703			
		GIS母线	名称:126kV 3150A 母线共箱	GIS母线-物资-数量	m	40	40					
		GIS母线	名称:126kV 3150A 分支母线	GIS母线-物资-数量	m	10	10					
	GD3-34	SF6金封闭组合电器(GIS)...	名称:单空出线间隔3	GIS-数量	台	3	3	15379.49	46138			
	C8	GIS	名称:单空出线间隔3	GIS-物资-数量	台	3	3	474876.11	1424628	536610	1609830	
	GD3-35	SF6金封闭组合电器(GIS)...	名称:无开关间隔	GIS-数量	台	5	5	9434.76	47174			
	C13	GIS	名称:无开关间隔	GIS-物资-数量	台	5	5	142462.83	712314	160983	804915	
	GD3-34	SF6金封闭组合电器(GIS)...	名称:母联间隔1	GIS-数量	台	1	1	15379.49	15379			
	C11	GIS	名称:母联间隔1	GIS-物资-数量	台	1	1	350585.84	350586	396162	396162	
	GD3-34	SF6金封闭组合电器(GIS)...			台			15379.49	76807			

图 8－93　自动套价效果

图 8-94　选配设备库

针对不采用国网信息价的物资，需手动套取价格。手动选配的价格平台会自动记录，通过记录定额套取次数，设备材料价格套取次数等，形成造价大数据，推荐出技经人员常用的定额和设备材料价格条目，通过智能推荐辅助实现造价成果的快速编制，其界面如图8-95所示。

图 8-95　智能推荐界面

7. 设计变更

由于三维设计软件数据和设计造价一体化平台数据的来源统一，在三维设计软件中进行修改后，通过导入修改后的设计成果文件，造价端能够自动识别修改部分，保留不变的数据，根据其他专业的变更快速实现造价变更。按照数字化造价的原则，可以应用覆盖导入或追加导入达到快速进行设计变更的效果。覆盖导入可以识别并覆盖 UDF 文件修改部分的模型数据，未进行变更的模型数据保留。而追加导入则是保持当前数据不变，仅追加当前数据以外的模型数据，其界面如图 8-96 所示。

图 8-96 设计变更界面

8. 人工完善

平台根据设计数据自动完成大部分概算工程量输出和套价，还有少部分工作需要人工完善，具体内容如下：

（1）无法自动调整定额人材机系数及人材机明细。

（2）少数未自动选配价格的定额和物资，需手动选配价格。

（3）小安装费用、电气二次部分的调试费用无法输出，需手动添加。

（4）建筑材料价差无法自动调整。

（5）建设场地征用及清理费用、勘察费、设计费等其他费用需手动设置。

9. 输出报表

ECM 变电工程设计造价一体化平台在自动化造价的基础上进行人工完善后，可输出完整版造价成果；报表格式依据 2018 版预规进行加载，选择左侧的报表，在右侧可预览报表数据，也可导出 excel 格式的报表数据，其成果如图 8-97 所示。

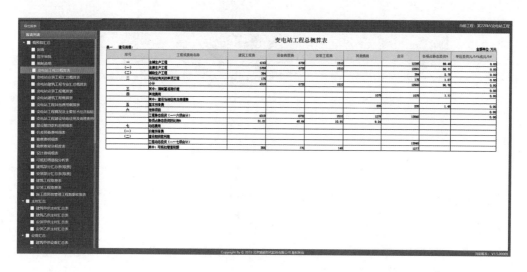

图 8-97 报表成果

三、成果分析

案例工程从项目划分自动化、定额自动匹配率、定额匹配准确性、费用自动化程度 4

个方面进行分析。

（1）项目划分自动化。根据当地设计习惯进行配置，项目划分自动化程度已达100%，将模型数据自动划分在技经端的项目划分下。

（2）定额自动匹配率。构件进行智能组价，定额匹配率在80%以上。

（3）定额匹配准确性。构件属性填写正确的情况下，通过校核后进行定额的自动匹配，定额、设备材料价匹配准确性均已达100%。

（4）费用自动化程度。导入三维设计成果后，在数字化造价平台中进行自动算量和自动组价，概预算成果的自动化编制率在90%以上，典型成果案例情况见表8-1。

表8-1　　　　　　　　概算工程自动化成果表

概算表数据——原始工程数据220kV概算					
序号	工程或费用名称	建筑工程费	设备购置费	安装工程费	其他费用	合计
1	主辅生产工程	4263	6732	1834		12829
1.1	主要生产工程	3760	6732	1834		12326
1.2	辅助生产工程	503				503
2	与站址有关的单项工程	219				219
3	小计	4482	6732	1834		13048
设计造价一体化平台数据——自动生成数据					
序号	工程或费用名称	建筑工程费	设备购置费	安装工程费	其他费用	合计
1	主辅生产工程	4143	6732	1510		12385
1.1	主要生产工程	3759	6732	1510		12001
1.2	辅助生产工程	384				384
2	与站址有关的单项工程	175				175
3	小计	4318	6732	1510		12560
指标分析					
自动项目划分率-设计构件对应到项目划分		定额自动匹配率	定额匹配准确性	费用自动化程度		
100%		92.27%	100%	96.26%		

参 考 文 献

［1］ 黄孝斌，王志龙，高雪，等．虚拟现实技术的电力行业地理信息系统（GIS）设计 [J]．信息技术，2021，7：39-45.

［2］ 封殿波．地理信息系统在国土空间规划中的应用分析 [J] 智能城市，2020，8：155-156.

［3］ 温庆敏．地理信息系统（GIS）在国土空间规划中的应用研究 [J]．农业灾害研究，2021，4（11）：103-104.

［4］ 黄正煌．基于海拉瓦全数字化摄影技术的超高压输电线路施工技术探讨 [J]．中国新技术新产品，2013，22：72-73.

［5］ 韦向．高建筑信息模型 BIM 在建筑行业的应用 [J]．四川建材，2021，9：40-41.

［6］ 钱鹤轩．基于建筑信息模型（BIM）的三维协同设计在施工组织设计中的应用 [J]．河南科技，2021，13：74-76.

［7］ 李达耀，刘骁，朱英华．基于建筑信息模型技术的建筑设计研究 [J]．绿色科技，2021，4：183-185.

［8］ 丁宽，以电网信息模型（GIM）技术构建智能电网信息共享平台研究 [J]．中国设备工程，2020，2：40-41.

［9］ 王志英，张诗军，邓琨．统一电网信息模型在南方电网的应用 [J]．电力系统自动化．2014，5：133-136.

［10］ 黄东，杨涌．基于物联网技术的智能电网信息模型研究 [J]．山东工业技术．2015，6：158.

［11］ 段廷魁．全球卫星定位系统（GNSS）在工程测量中的实践运用探索 [J]．科技创新与应用．2021，5：188-190.

［12］ 李校雯，付宇彤，丁家圣．浅谈全球卫星定位系统 GPS 发展 [J]．通讯世界，2016，13：75.

［13］ 盛大凯，郗鑫，胡君慧，等．研发电网信息模型（GIM）技术，构建智能电网信息共享平台 [J] 电力建设，2013，8：1-5.

［14］ 胡君慧，盛大凯，郗鑫，等．构建数字化设计体系，引领电网建设发展方向 [J]．电力建设，2012，12：1-5.

［15］ 邱宗华，闫富强，李燕，李长久，张英．输变电工程造价智能分析云计算设计研究 [J]．中国管理信息化，2017，1：85-86.

［16］ 曹建平，袁瑛，徐春华．基于深度学习的输变电工程造价异常识别与应用 [J]．工业控制计算机，2018，1：120-121.

［17］ 罗勋．BIM 技术在输变电工程造价管理中应用的推进策略 [J]．科技资讯，2017，12：40-41.

［18］ 徐洪东．基于人工神经网络的输变电工程造价预测研究 [D]．北京：华北电力大学，2017.

［19］ 黄文德，张晓飞，庞湘萍，等．基于北斗与数字孪生技术的智能电网运维平台研究 [J]．电子测量技术，2021，21：37-41.

［20］ 黄文雯，韩璐，孙萌，等．基于数字孪生的数字电网建设 [J]．电子技术与软件工程，2021，22：221-223.

［21］ 陈学莲．计算机人工智能技术应用分析和研究 [J]．大众标准化，2021，18：247-249.

［22］ 陈晗阳．大数据时代下人工智能技术的应用研究 [J]．科技创新与应用，2021，25：183-185.

［23］ 国家能源局．电网工程建设预算编制与计算标准 [M]．北京：中国电力出版社，2008.